改变，从阅读开始

# 新纲常

## 探讨中国社会的道德根基

何怀宏 著

四川出版集团
四川人民出版社

中国势必走向一个共和的社会，然而，再没有什么社会比共和社会更需要所有公民的德性；

中国势必走向一个民主的社会，然而，再没有什么社会比民主社会更需要法律的统治和公民的自治；

中国势必走向一个自由的社会，然而，再没有什么社会比自由社会更需要个人的自律；

中国势必走向一个多元的社会，然而，再没有什么社会比多元社会更需要底线的共识；

中国势必走向一个……社会，然而，如果它没有确立自己的道德根基，就将中道夭折乃至社会崩溃。

# 目 录

引 言

## 第一章 为什么重提纲常?
一 "纲常"是什么? / 3
二 传统"纲常"的形成 / 6
三 "纲常"后面的基本价值 / 20
四 "纲常千万年磨灭不得" / 30
五 今天的中国社会亟须重建纲常 / 35

## 第二章 为什么提新纲常?
一 传统社会对"纲常"的反省与坚持 / 51
二 近代以来对"纲常"的批判 / 60
三 新的社会需要新的伦理 / 68
四 新伦理的基本特点和主要内容 / 83

## 第三章　新三纲

一　民为政纲 / 95

二　义为人纲 / 105

三　生为物纲 / 111

四　新三纲总说 / 115

## 第四章　新五常

一　五常伦 / 123

　（一）天人和 / 124

　（二）族群宁 / 126

　（三）群己公 / 128

　（四）人我正 / 132

　（五）亲友睦 / 134

二　五常德 / 135

　　(一) 仁 / 136

　　(二) 义 / 139

　　(三) 礼 / 143

　　(四) 智 / 144

　　(五) 信 / 146

## 第五章　新信仰

一　敬天 / 152

二　亲地 / 155

三　怀国 / 158

四　孝亲 / 161

五　尊师 / 164

第六章　新正名

一　官官 / 173

二　民民 / 179

三　人人 / 183

四　物物 / 187

结　语 / 191

后　记 / 195

# 引 言

本书是要探讨"中国社会"的道德根基,当代中国社会是我关注的中心。今天的中国社会是一个有几千年自身独立演进的文化传统的社会,又是一个必不可免的卷入现代世界,近年更主动走向现代化、取得经济佳绩的社会。因其是有悠久历史文化的社会,作为一种必要的传承,所以以昔日"纲常"为名来重建社会的道德基础;因其是必不可免、且正在大步走向现代的社会,所以提出"新"的"纲常"。"纲常"之必要与内容的论证大半来自社会本身,即社会本身的存续与发展之所需;而"纲常"之"新"意则主要来自现代社会,即来自时代的要求。

继之要说明的是:本书要探讨的是社会的"道德根基"。这隐含了一个观念的前提,即认为一个稳定发展的社会的基础一定要是合乎道德或合乎正义的。而这里说"根基"而不简单地说"基础",还有一层意思是指我还希望探寻和传承中国社会道德基础的文化之"根",要让时代的道德要求也接上我们悠久的历史文化传统，并让本来就包含在这传统中的持久普遍的道德原则与理由更加彰显。总之，这个社会的主要政治、法律和经济等方面的主要制度一定是要有某种道德理据的，而不管这种理据是否能够被人们全都自觉地认识到。正是这种道德性提供了政治合法性的依据，正是人们认为这一社会是合乎或基本合乎道德的信念，才能使人们有意愿去维护和支持这个社会。而如果人们相当广泛地认为这一社会严重不合乎正义，或者基本不合乎道德，改革乃至革命的时候就将来临。

这一"社会的道德根基"的主要内容是指道德的基本原则规范、正义的基本原则规范。但我在这里不说"原则规范"而说"根基"，是因为它还包括了能够支持这些原则规范的价值信仰和德性的内容。另外，作为社会"根基"的道德原则规范，和它的"理据"也是有所不同的，前者是说明一种地位，后者则是要证明原则之所以成立的"理由"。本书不是以后者为主题的，但是也涉及对原则的论证，这种论证主要是基于社会，是指社会需要这些道德原则作为"根基"，如此，社会才能存在、延续和发展。[1]

本书的确是尝试从一种道德体系的角度来构建这一社会的"道德根基"，即力求完整和周延地阐述当今中国社会的道德原则、价值信仰和实践途径，但它无论如何还只是一种探讨，甚至只是一种构想。还可以有其他的系统探讨，只是作者的确深信，不管表述和论点有何不同，本书所阐述的一些基本要素会同样存在于各种各样合理的探讨之中的。

**注释：**

[1] 有关对道德原则的论证方式的概述，请参见拙著《伦理学是什么》第四章，尤其是第四节，北京大学出版社，2002年版。具体的一个论证请参见拙文"全球伦理的可能论据"，收在《中国思潮与外来文化》中，由第三届国际汉学会议论文集思想组编辑，台北"中央研究院"中国文哲研究所2002年出版。

# 第一章 为什么重提纲常?

"纲常"、"纲纪"是我们现在已经相当少使用的字眼了。在今人眼里,"纲常"似乎总是和传统联系在一起,而且有比较负面的意义,尤其是"三纲五常",又尤其是从"五常"中择选和突出出来的"三纲",它们在近代以来几乎一直是遭受严厉批判的。甚至今天重新体认和回归传统文化的人们,也似乎多更愿意说"天人合一"、"希圣希贤"等高远或修身的智慧,而不愿意说"纲常"、"礼制"或"名教"。毕竟"纲常"是要约束人的,而传统"纲常"看来还具有曾经等级服从和似乎舆论一律的性质特点。那么,在今天还受既定政治意识形态纠缠,但看来最终也不会自外于其他现代社会,最终走向崇尚自由平等与价值多元社会的中国,为什么还要重提"纲常"?我们不妨就从"纲常"的字词涵义和道德意义说起。

## 一 "纲常"是什么?

"纲"字的初始义是指提网的总绳,抓住这总绳来动作,所有网眼的细绳都能打开或收拢，整个网就能收放自如，就能够"有条不紊"、"纲举目张"。[1] 所以，"纲"也就被转喻为把握事物的关键和要领，又可再引申为基本原则、主要规范、尤其是用在社会与政治领域。这里我们或可注意的是，"纲"的初始喻义有很强的指向实践的意义，如先秦韩非说："善张网者引其纲，不一一摄万目而后得，则是劳而难，引其纲，则鱼已囊矣。"[2] 又如新中国早期曾经提出的工业"以钢为纲"、农业"以粮为纲"、乃至政治"以阶级斗争为纲"、以及"抓纲治国"等等说法。如从实践意义这方面将其引申到极端，则这"纲"可能变成目的是纯功利性的，即是指向成功、战胜、夺取和巩固政权的目标，而"纲"本身只是作为战略性的手段。

但如果按传统意义说"纲常"而不仅仅说"纲"，就是强调其作为社会政治的原则规范的持久意义了，它本身是自在的原则。"常"有"普通、平常"之意，又有"长久、经常"之意。被视作"纲常"的原则规范因"纲"而"常"，也因"常"见"纲"。它们是社会持久的大经大法，也是维系社会政治秩序的基本"纲维"或"纲纪"。[3]

但我们今天一谈到"纲常"，几乎马上就会遇到种种疑虑、批评或者不屑：我想这些怀疑和批评一是来自国人对"传统纲常"的百年误解；一是来自世界对"普遍原则"的现代疑虑。在20世纪的主干期，从初叶的"打倒孔家店"到末叶的"批林批孔运动"，影响所及，几乎使今天的不少中国人一谈到"纲常"，就认为它们是捆绑我们的几大绳索，而未理解到它们也可能是维系社会方舟的巨缆。旧纲常近百年来长久地被蒙上恶名,被视为要打倒的对象,要解除的桎梏,"三纲五常"更被认为是最大的束缚,乃至动辄就说"礼教杀人"、"名教吃人",然而,我们却可能未意识到:我们今天这样说可能已经是轻松地、也是惰性地习惯了透过"百年"的有色眼镜来看"千年"的中国历史,即已经是带上了"近代"的"先见"和"成见"。我们可能没有意识到,中华文明和民族的数千年延续其实正是靠这些纲常在社会层面维系的,而且,今天我们要重新合理地建构新的社会伦理体系,也正是要由它们出发,以提供一个人们的生命和财产可以得到可靠保障,并且可以自由地发展的社会平台。

除了上述对我们自己历史的误解,另一个疑虑的来源是来自现代世界。自从近代,尤其20世纪以来,相对主义甚至虚无主义的思潮在世界上相当盛行,对普遍的道德原则规范也就常常质疑和否定,这也影响到中国人的思想和心灵。加上我们先是奉行、后是高置的革命意识形态也曾倡导"彻底打破旧世界"和传统"决裂"以创造一个"新世界",而当这个"新世界"的理想变得虚幻,出现了"三信(信心、信仰、信任)危机",也就更为加剧了虚无主义的流行。但我相信,我们若是认真反省一下自己的内心,观察一下历史和现实,就能看到天地间是存在着一种"天经地义"的。我们能够觉到有些事情是永远不可能心安理得地去做的,比如任意伤害同类、甚至杀害无辜。又比如这样的直觉也是相当普遍的:人类必须有一种最基本、最起码的社会政治秩序，否则所有人的生命安全都得不到保障。这样一些戒律和共识其实也是存在于所有文明社会和宗教的历史和法典中的。当然，它们也是范围很小的，非常底线的一些原则或者说"基石"。

我想我们现在需要寻找的正是这样一些比较恒久、稳固的道德基石，或者说是"旧纲常"中后面的"纲常"，"旧纲常"中更为根本的道德的"精神"原则，并依据这"精神"原则，参之以变化了的时代和社会的情况，给予富有新意的重新概括和阐述。而我们也的确能从旧的"三纲五常"中看到一些比其外在的原则规范更为根本和永久的东西，比如说看到后面有对保全生命的一般政治和社会秩序的肯定，看到这更为根本的东西就是维系人类社会和民族生命延续而不坠的东西。

## 二 传统"纲常"的形成

我认为，中国大陆所处的现实状况是处在"三种传统"的影响之下：即近三十多年来以"全球市场"为关键词的"十年传统"；前此一百来年以"启蒙革命"为关键词的"百年传统"；最后是前此两千多年来以"周文汉制"为关键词的"千年传统"。是"周文汉制"而非"秦制"大致决定了此后一直到晚清的中国历史文化与政治制度的范型，而传统的"纲常"——我这里主要指的是"三纲五常"——也在此一时期基本形塑完成。现在我就来追溯这一过程，借此或可进一步阐明其显露和隐含的道德涵义。

这里我所说的"周文"是全面的，不仅指思想文化，也包括社会政治制度。而说"周文"还有一层涵义，就是强调其制度文化的一种重视人间、人文乃至文质彬彬、温情脉脉的色彩。不过，我们在这里还非全面的观察"周文"，而主要是考察其中的纲常道德、制度伦理、以民为本和崇德为上的特征。

我们首先可大致以王国维的《殷周制度论》为据来观察在殷周之际发生了什么。王国维认为是发生了一场大变革，他说："自其表言之，不过一姓一家之兴亡与都邑之移转；自其里言之，则旧制度废而新制度兴，旧文化废而新文化兴。"而且，周立制的本意，是"出于万世治安之大计"。周制之大异于商者，一是"立子立嫡"之制，由此而生宗法及丧服之制，并由此而有封建子弟之制，君天子臣诸侯之制；二是庙数之制；三是同姓不婚之制。"此数者，皆周之所以纲纪天下。其旨则在纳上下于道德，而合天子、诸侯、卿、大夫、士、庶民以成一道德之团体。"[4]

在王国维看来，商朝君主多见兄终弟及，但兄弟之亲本不如父子，而兄之尊又不如父，所以常常兄弟之间争位。而周朝舍弟而传子，且是传嫡子，目的是为了"息争"，而"息争"最终还是对老百姓有好处。"盖天下之大利莫如定，其大害莫如争。任天者定，任人者争；定之以天，争乃不生。故天子诸侯之传世也，继统法之立子与立嫡也。"古人非不知"立贤之利过于立嫡，……而终不以此易彼者，盖惧夫名之可藉而争之易生，其敝将不可胜穷，而民将无时或息也。故衡利而取重，絜害而取轻，而定为立子立嫡之法，以利天下后世。"

在最高统治者这一层次之所以由天生的血统来决定，大概是因为它简单明确，极易辨认，也可有传统的支持。[5] 而"贤"却是不那么容易辨认的，也是可以自称的。而在最高权力层面如果频频发生争执，社会的代价可能太大。这大概是人类历史在大部分时间、大部分地方实际都是实行君主制的一个原因（至少在人类确立健全稳定的民主制度之前是如此），而君主制的最初诞生也往往是和部落的酋长制度密切相关，它具有一种自然而然发生的特点。后来的改朝换代，也往往是因为创业的君主有一些特殊的才能加上机遇，后来的沿袭者也就对潜在的觊觎者有一种天然的优势。

王国维还追溯到周制的原则大义。他说："以上诸制，皆由尊尊、亲亲二义出。然尊尊、亲亲、贤贤，此三者治天下之通义也。周人以尊尊、亲亲二义，上治祖祢，下治子孙，旁治昆弟；而以贤贤之义治官。故天子诸侯世，而天子诸侯之卿大夫士皆不世。盖天子诸侯者，有土之君也；有土之君，不传子，不立嫡，则无以弭天下之争；卿大夫士者，图事之臣也，不任贤，无以治天下之事。"

政治治理的事情的确是民众不参与的，即所谓"礼不下庶人"是也。但这些制度主要还是以民为本，为民而设，为民而治："凡有天子、诸侯、卿、大夫、士者，以为民也，有制度典礼以治。天子、诸侯、卿、大夫、士,使有恩以相洽,有义以相分,而国家之基定,争夺之祸泯焉。民之所求者,莫先于此矣。"民众最优先,也是最基本的要求是安宁,没有战争、内乱外祸和横征暴敛,生命财产能够得到保障。

但对于统治者的道德要求来说,既不仅要以制度之设来体现休养安民、仁民爱民,以民为本,而且要自己以身作则、率先垂范。并且这方面的道德要求是要远高于对民众的道德要求的,甚至可以说对老百姓来说,道德的要求只是表现为受其影响的"风俗"、"风化",在统治者那里才是真正的"贵人行为理应高尚"的道德。周代统治者有鉴于商人亡国的教训,不再一味信奉高高在上的天帝,自认天命在身,而是认为天命在人,必须主要依靠人事的努力,依靠本身道德的自律,依靠安民仁民来使民休养生息。所以,"天"、"命"、"民"、"德",四者其实一以贯之。就像《尚书·召诰》中所言:"天亦哀于四方民,其眷命用懋。王其疾敬德!"即君王要享有统治的天命,必须敬德保民。

这样,在王国维看来,使天子、诸侯、大夫、士各奉其制度典礼,以亲亲、尊尊、贤贤,明男女之别于上,而民风化于下,此之谓"治";反是,则谓之"乱"。"是故天子、诸侯、卿、大夫、士者,民之表也;制度典礼者,道德之器也。"

这并不是说君王甚至如文武周公等明主就没有自己的利益和考虑,"古之圣人亦岂无一姓福祚之念存于其心,然深知夫一姓之福祚与万姓之福祚是一非二,又知一姓万姓之福祚与其道德是一非二，故其所以祈天永命者，乃在德与民二字。故知周之制度典礼，实指为道德而设；而制度典礼之专及大夫、士以上者，亦未始不为民而设也。""周之制度典礼，乃道德之器械，而尊尊、亲亲、贤贤、男女有别四者之结体也，此之谓民彝。其有不由此者，谓之非彝"，而这"民彝"其实就是"原则"和"纲常"了。它们是"保民"之"彝"，也是"民之秉彝"之"彝"。

这也不是说商朝就无社会道德的纲常，而是说："夫商之季世，纪纲之废、道德之隳极矣。是殷、周之兴亡，乃有德与无德之兴亡；故克殷之后，尤兢兢以德治为务。"周人吸取了商朝亡国的教训，不仅重建道德纲常，而且赋予纲常新的内容。当时这一新纲常的新意主要在于：更为强调自身的道德自律和制度的道德含意，并将尊尊与亲亲结合，且在亲属关系中最为强调父子关系，同时也出现了"男女有别"。即在"周文"中，不仅德治主义、民本主义大为张扬，而且，三纲之为"民彝"的观念也已经隐然出现。

在王国维那里，与"尊尊、亲亲"并称的"贤贤"的观念似乎已经在西周实现，但我们至少从有较详史料可据的春秋时代来看，在大夫，甚至士那里还是"世家"而非"选贤"的。"贤贤"在西周还没有明显的制度可循，且即便是"选贤"，也是主要限于贵族内部而不是向所有民众开放。"贤贤"观念的广泛流行还要到战国时代，而其制度化的稳定实现则要到西汉中期才开始。

至于"五常"的萌芽,则可以追溯得更早。《尚书·舜典》言帝对契说:"汝作司徒,敬敷五教,在宽。"疏引《左传》文十八年云:"布五教于四方,父义、母慈、兄友、弟恭、子孝,是布五常之教也。"又云:"义慈友恭孝,此事可常行,乃为五常耳。"这里的"五常之教"未涉君臣、夫妻、朋友,所强调的义务看来也是双面的,虽然并非同等或完全平等的;"弟恭、子孝"相对于"父义、母慈、兄友"还是更带恭敬之意的。后来《孟子·滕文公上》的解释:"使契为司徒,教以人伦,父子有亲、君臣有义、夫妇有别、长幼有序、朋友有信。"就加上君臣、夫妻、朋友三伦了,与后来的"五伦"说的是同样的五种关系,但是,是将父子关系放在最前面,而且,是讲相互的"亲"、"义"、"别"、"序"、"信",而没有特别强调其中一方的等级服从。

孔子及其所代表的儒家可以说是"周文"最伟大的传承者,同时又是最伟大的创新者。孔子说:"周监于二代。郁郁乎文哉,吾从周。"他念念不忘"克己复礼",这"礼"也就是"周礼",即周代的典章制度。他又提出"正名",其中最重要的是"君君、臣臣、父父、子子"。这实际是"三纲"中最重要的"两纲"。[6] 这里也顺便说一下纲常与礼制、名教的关系。礼制、名教可以说都比纲常所包含的内容更广泛,也更细致,而礼制更侧重于上层制度,名教则更侧重于观念和名分,落实到人。而纲常则可以说是它们的实践纲要、精神原则与内容核心。而孔子的仁学可以说揭示了这些原则的道德灵魂,即所有的制度、观念、规矩,最终都是为了使"天下归仁",即虽然还保留着社会差距,但所有人都具有某种人格的平等,人人互助、上下相倚,亲友相亲。儒家所提出与实践的"有教无类"还向所有人求学打开教育的大门,而"学而优则仕"则是主张为所有的"学优"者打开政治入仕的大门。

"周文"的政治实践也可说是相当成功,通过具有亲亲色彩的分封等措施和礼义的约束,竟然在数百年里,在周天子与诸侯,以及众多诸侯国之间维持了大致的和平。只是到春秋末年才开始"礼崩乐坏",到了战国时期,则有鱼烂之势。纲常名器大坏,再也不能约束各国的君主。在有权力者的影响之下,社会崇尚的是功利、强权、成功和战胜,为此人们敢于无所不为,使用一切手段。而最受重视的两种手段或力量:一是暴力,一是诈力;最受重用的也就是兵家和纵横家,而提供了一整套君主集权理论的则是法家。秦国的商鞅变法率先开始了将一个国家打造成一个极有效率的军国主义机器的过程,商鞅将暴力更为严密地收拢在国家的手中,禁止私斗,而奖励以斩首多少为标准的军功,其他一切资源也都是为了最终的战争和战胜为目的。商鞅并实行连坐法,鼓励告密,包括鼓励父子、夫妻之间的告密,不告也要腰斩。其对社会道德的损害到了根基之处。

而在一种弱肉强食、救亡图存的竞争形势中,其他国家也不得不跟进类似的、虽然可能稍稍温和一些的变法。那时在一国内部或还有秩序与和平,包括有伦理意义的秩序或者说纲常存在，但由于其秩序的整饬最终还是服从于强化君主权力和国家能力的更高目的，结果往往是带来更大的动荡和战争。各国之间信义几乎无存，战争连绵不断，甚至伏尸百万，血染千里，人们流离失所、生灵涂炭。而最后是那个最凶狠的国家——素称"虎狼之国"、用义不帝秦的鲁仲连的话来说是"权使其士、虏使其民"的秦国取胜，灭了其他国家而统一了天下。

这一统一自然客观上暂时平息了国与国之间的战争，且以郡县制取代封建制，以官僚制取代贵族世家，就如王夫之所说，是"天欲假其私而行其大公"。秦帝国甚至被认为是世界文明史上第一个建立了强大国家能力的国家。[7]但是，秦王朝建立之后，也还是一味"逆取"而非转向"顺守"，依然迷信暴力和强制，乃至横征暴敛、严刑苛法、焚书坑儒，最后激起人民蜂起反抗，乃至二世而亡。

对这一历史过程，我们可再引刘向《战国策书录》中的一段话来说明：

**(西周)**：周室自文、武始兴，崇道德，隆礼义，设辟雍泮宫庠序者教，陈礼乐弦歌移风之化，叙人伦，正夫妇，天下莫不晓然……下及康、昭之后，虽有衰德，其纲纪尚明。

**(春秋)**：……五伯之起，尊事周室。五伯之后，时君虽无德，人臣辅其君者，若郑之子产，晋之叔向，齐之晏婴,挟君辅政,以并立于中国,犹以义相支持,歌说以相感,聘觐以相交,期会以相一,盟誓以相救。天子之命,犹有所行;会享之国,犹有所耻;小国得有所依,百姓得有所息。

**(战国)**:……仲尼既没之后,田氏取齐,六卿分晋,道德大废,上下失序。至秦孝公捐礼让而贵战争,弃仁义而用诈谲,苟以取强因而矣。夫篡盗之人,列为侯王,诈谲之国,兴立为强。是以传相放效,后生师之,遂相吞灭,并大兼小,暴师经岁,流血满野,父子不相亲,兄弟不相亲,夫妇离散,莫保其命,湣然道德绝矣!晚世益甚,万乘之国七,千乘之国五,敌侔争权,盖为战国。贪饕无耻,竞进无厌,国异政教,各自制断,上无天子,下无方伯,力功争强,胜者为右,兵革不休,诈伪并起。

**(秦朝)**:……是故始皇因四塞之固,据崤、函之阻,跨陇、蜀之饶,听众人之策,乘六世之烈,以蚕食六国,兼诸侯,并有天下。……无道德之教、仁义之化以缀天下之心。任刑罚以为治,信小术以为道。遂燔烧《诗》、《书》,坑杀儒士,上小尧、舜,下邈三王。二世愈甚,惠不下施,情不上达,君臣相疑,骨肉相疏,化道浅薄,纲纪坏败,民不见义,而悬于不宁。抚天下十四岁,天下大溃,诈伪之弊也。

这一纲常被破坏的下行过程直到汉立之后才结束。汉朝立国吸取了战国血的教训和秦朝暴政而亡的教训，经过"文景之治"的休养生息，到公元前141年即汉立62年，开始了明确的重建纲常和制度创新的过程，是年董仲舒上天人三策，提出了"更化"的政治改革纲领，[8] 即彻底改革战国秦朝以来的崇尚功利乃至暴力诈伪的道德风俗，主张政治思想上独尊儒家；制度上兴办太学，培养日后可为官的学子，并将以前属特举的察举制度化、常规化，定期从民间选拔德才兼备的官员，这些主张渐渐得到实施，从而真正解决了可以使国家长治久安的主导思想和统治阶层的不断再生产的问题。董仲舒所主张的的确并不是现代的自由平等与民主，但是，自西汉中期之后，主导的政治思想不再是一味加强君主集权的法家思想，甚至也不是清静无为的道家思想，而是强调生命价值、以民为本和统治者德行的儒家思想。而儒家思想本身又还不是那种极权封闭的意识形态，而是能够宽容甚或吸取其他思想的思想派别。这样，加上重视民生、活跃的地方政治和民间组织，向民间开放政权，不断吸纳社会下层有才能的人进入上层，社会就不仅保有一种稳定，而且保有一种活力。

所以，在我看来，日后两千多年的中国传统社会政治所遵循的并非是"秦制"，而是"汉制"，的确，"汉制"也还是承继了"秦制"的部分遗产，诸如君主制度、郡县制度、官僚制度等，但是，"秦制"完成的还只是半个国家，因为它实际上还没有找到一种"长治久安"之道。而"汉制"才是真正奠定了中国传统社会绵延两千多年的国家类型。而在某种意义上，

"汉制"也可说是"周文"与"秦制"的结合,而且,儒家所代表的"周文"是这种结合的主导和灵魂。

而"纲常"又可以说是这种"周文"中的基本政治原则,同时也是道德原则。事实上,我们一方面说传统的"三纲五常"之说源远流长,它至少在"周文"之始也就已经发端,中经春秋战国不断得到儒家等派别的阐发;另一方面,我们又说,它的确又是在汉朝得到突出,尤其是其中的"三纲",得到系统的阐述和明确化,又尤其是通过董仲舒,他依据其天道和阴阳理论,将其构建为一种具有道德形而上学意味的政治伦理体系。

董仲舒对"三纲五常"的具体内容着墨并不多,"三纲"一词在《春秋繁露》中甚至只有两见。但他认为:"王道之三纲,可求于天"。"君臣、父子、夫妇之义,皆取诸阴阳之道。君为阳,臣为阴,父为阳,子为阴,夫为阳,妻为阴,阴阳无所独行,其始也不得专起,其终也不得分功,有所兼之义。是故臣兼功于君,子兼功于父,妻兼功于夫,阴兼功于阳,地兼功于天。"[9] 又说:"子顺父,妻顺夫,臣顺君,何法?法地顺天。"[10] 其更为强调君臣、父子、夫妇三对关系中臣对君、子对父、妻对夫的义务和服从也是明显的。在他之后约两百年,在东汉所汇集的白虎观会议诸儒关于经学之议论,也可说是一个辩论后的总结的《白虎通义·三纲六纪》中,反映出深受他的思想影响而形成的、更为明确和具体化的有关"三纲"的阐述是:

三纲者何谓也？谓君臣、父子、夫妇也。六纪者，谓诸父、兄弟、族人、诸舅、师长、朋友也。故君为臣纲，夫为妻纲。又曰："敬诸父兄，六纪道行，诸舅有义，族人有序，昆弟有亲，师长有尊，朋友有旧。"

何谓纲纪？纲者，张也；纪者，理也。大者为纲，小者为纪，所以张理上下，整齐人道也。人皆怀五常之性，有亲爱之心，是以纲纪为化，若罗网之有纪纲而万目张也。《诗》云："亹亹文王，纲纪四方。"

君臣，父子，夫妇，六人也，所以称三纲何？一阴一阳谓之道。阳得阴而成，阴得阳而序，刚柔相配，故六人为三纲。

三纲法天、地、人，六纪法六合。君臣法天，取象日月屈信归功天也。父子法地，取象五行转相生也。夫妇法人，取象人合阴阳有施化端也。六纪者为三纲之纪者也。师长君臣之纪也，以其皆成己也；诸父兄弟父子之纪也，以其有亲恩连也；诸舅朋友夫妇之纪也，以其皆有同志为纪助也。

君臣者，何谓也？君，群也，群下之所归心也。臣者，缠坚也，厉志自坚固也。……父子者，何谓也？父者，矩也，以法度教子也。子者，孳也，孳孳无已也。……夫妇者，何谓也？夫者，扶也，以道扶接也。妇者，服也，以礼屈服也。

陈寅恪认为:"吾中国文化之定义,具于《白虎通》三纲六纪之说,其意义为抽象理想最高之境,犹希腊柏拉图所谓Idea者。"[11] 无论如何,我们的确可以好好重视和分析一下这一段话。这里的"三纲"已经很明确,但与之联系的并非是也包括了"三纲"的三种关系的"五常伦",而是另外的六种关系:"六纪"。"六纪"除了也包括在"五常伦"中的兄弟、朋友两伦外,还有诸父、诸舅、族人与师长四伦。不过,这六者可以与三纲再合并归类:因皆成己,师长接近于君臣;因血亲,诸父兄弟(族人)接近于父子;因互助,诸舅朋友接近于夫妇。

在汉儒看来,这些关系皆来自自然,也切合人性。"人皆怀五常之性,有亲爱之心",虽然"君为臣纲"列在三纲之首,但一种亲亲之爱实际是其根本,尤其是父子关系中双方的慈孝之爱,如果说这种父子的垂直关系是家庭乃至家族的主轴,那么君臣关系也就是国家的主轴。而由于古人更为强调责任,以使其与必须要有权威和服从的政治秩序连接,或还有调整加强子孝之情来平衡天然要强一些的父慈之意,所以更为强调子对父的孝敬之爱。而且,这种亲亲之爱也更为广泛,在传统等级与少数统治的社会中,需要承担与权力相称的责任的官员臣子毕竟还是少数,而所有人都要遇到家庭关系。而古人看来相信,在家为孝子者,入仕后一般也会是忠臣。就像家是国之本一样,孝也可说是忠之本,而努力的次序也往往是如此,一个人是从修身齐家到治国平天下，忠是由孝生发开去。

而"三纲"的义务之差别性质也是来自自然，是效仿自然或者说天地。如果说它们的关系是有一种等级差别的意味，那也就像天地万物也有一种差别甚至等级的意味。[12]它们像阴阳一样是成对的关系，少了任何一方都不成；但这种关系也是有序的关系，而这种秩序的确不是完全平等的，而有主从的意味。但这主从也有道德的涵义：即为主的一面更多的是以身作则，或遵守道义、法度以垂范的责任，而为从的一面更多是坚定服从、积极效仿的义务。为主的一面虽然得到服从，但也要使人心服，比如君主就要使天下真正归心。也是由于这种和天地自然的关系，"三纲五常"获得了一种独立于人类的客观普遍性，被视作"天经地义"。

不过，基本的意思虽然都有了，"三纲六纪"毕竟还不是"三纲五常"。最早连用"三纲五常"的似是稍后的东汉学者马融在注疏《论语》中所用，而在朱熹于《四书集注》中引了他的话之后，这一提法自然就广泛流行了。而类似于"三纲五常"的意思则早就相当广泛地存在于从《尚书》到西汉、乃至不止是儒家，也有其他多家学派的历史文献之中。董仲舒以及《白虎通义》等儒家著述，看来主要是突出了其中的"三纲"，以及给予了它们比较系统的字义诠释和理论论证。无论如何，传统纲常在两汉时期已大体厘定，而它们作为基本的社会政治伦理原则，也就和"汉制"一道，成为后世两千年传统社会秩序和政制的基本范型。

# 三 "纲常"后面的基本价值

"三纲五常"将家庭秩序与政治秩序结为一体,家国合一、忠孝合一,而且从价值上是更看重家庭秩序的,即以孝为本的,虽然从原则规范的次序上是将国放在前面。它们看起来只是一种独特的政治秩序的原则规范。它的确具有等级服从的社会政治涵义。现在的一个挑战是,如果仅仅从字面上看,虽然这主要是儒家的主张,但是也广泛地存在于先秦其他学派,例如法家的政治主张之中。像《韩非子·忠孝》篇说:"臣之所闻曰:臣事君,子事父,妻事夫,三者顺则天下治,三者逆则天下乱,此天下之常道也,明王贤臣而弗易也。"而法家是极力主张君主集权专制,臣民绝对服从的,那么,在这看似相同的"纲常"主张中,如何区别儒家与法家的不同?[13] 如何辨识后来实际上是以儒家思想为主导的"纲常"后面的基本价值?

在我看来,在法家那里,三纲还只是一个政治原则,而在儒家那里,它还是一个道德原则,它后面还有尊重生命的基本价值存在。在儒家看来,纲常不是简单地要维护一种政治秩序和社会统治,其实还有一种更深刻地、平等地看待所有生命的道德涵义。或者说,作为"纲常的纲常"、"纲常的核心"其实是一种道德的原则,这一道德的原则主要的就是生命的原则。[14] 它从行为和制度规范的角度来说，是一种要求保障生命安全和提供生命基本供养的第一正义原则；而从价值的角度来说，则是将生命、生存视为最宝贵的价值，而且，生命之所以宝贵，并不仅是作为工具和手段的宝贵，而是本身就是目的的宝贵，因此，所有人的生命也就在基本生存的意义上同等宝贵。也就是说，对所有人来说都是这样，既生之，则须护之养之，所有人都有生存的欲望，所有人也都应得活下去的基本待遇。

所以，在儒家那里，除了强调纲常、正名和礼教，更为根本的还有如孔子之仁、孟子之义，荀子也说过"从道不从君，从义不从父"。[15] 在儒家看来，政治是要以道德为本的，君主是要以民生为本的。这"本"也就对权力和权威构成了某种限制。所以，虽然有等级的服从，但也非绝对的服从。孔子主张"仁者爱人"，认为统治者必须实行仁政，痛斥造成人民生命财产损失的"苛政猛于虎"。孟子通过救一个孩子的事例，抉发出普遍的"恻隐之心"，主张要以"不忍人之心"实行"不忍人之政"。他痛斥君主好战、奢靡，使民缺乏生养是无异于"率兽食人"。即便是更为强调秩序和礼教的荀子，也对礼制和君治的护生养生本意有过明确的抉发：

> 礼起于何也？曰：人生而有欲，欲而不得，则不能无求。求而无度量分界，则不能不争；争则乱，乱则穷。先王恶其乱也，故制礼义以分之，以养人之欲，给人之求。

使欲必不穷于物,物必不屈于欲。两者相持而长,是礼之所起也。故礼者养也。(《荀子·礼论篇》)

君者,何也?曰:能群也。能群也者,何也?曰:善生养人者也,……省工贾,众农夫,禁盗贼,除奸邪,是所以生养之也。(《荀子·君道篇》)

而西汉对"更化"及明确"三纲"起了最大作用的董仲舒也如是说:

天地之生万物也以养人,故其可适者,以养身体;其可威者,以为容服,礼之所为兴也。(《春秋繁露·服制像》)

泛爱群生,不以喜怒赏罚,所以为仁也。(《春秋繁露·离合根》)

何谓本?曰:天地人,万物之本也,天生之,地养之,人成之;天生之以孝悌,地养之以衣食,人成之以礼乐,三者相为手足,合以成体,不可一无也;……三者皆奉,则民如子弟,不敢自专。(《春秋繁露·立元神》)

且天之生民,非为王也;而天立王,以为民也。故其德足以安乐民者,天予之,其恶足以贼害民者,天夺之。(《春秋繁露·尧舜不擅移汤武不专杀》)

后来的儒者也大抵如是。例如王夫之批评战国时代纲常大坏的主要依据就是使生灵涂炭:"战国者,古今一大变革之会也。侯王分土,各自为政,而皆以放恣渔猎之情,听耕战刑名殃民之说,与尚书、孔子之言背道而驰。勿暇论其存主之敬怠仁暴,而所行者,一令出而生民即趋入于死亡。"[16]他甚至认为儒者在面临衰政暴政的时候,也不应首先举事,其原因也是顾忌生灵的涂炭,当然,如果,天下已经大乱,出来收拾残局、平定天下则是另一回事。

这一以民众生命为上的思想可以说贯穿传统社会始终,我们不妨再以已经处在传统社会晚期的曾国藩为例,来察看这一保存生命的道德原则与社会等级纲常的关系或先后次序。

1854年,在太平天国起事之后近五年,曾国藩组织了湘军反击,并发表了"讨粤匪檄"的文告来陈述他讨伐的三条理由。[17]我们注意到,他在该文的第二段陈述了捍卫社会等级纲常的理由,他说:"自唐虞三代以来,历世圣人扶持名教,敦叙人伦,君臣、父子、上下、尊卑,秩然如冠履之不可倒置。……(而洪、杨事变)举中国数千年礼义人伦诗书典则,一旦扫地荡尽。此岂独我大清之变,乃开辟以来名教之奇变,我孔子孟子之所痛哭于九原,凡读书识字者,又乌可袖手安坐,不思一为之所也。"曾国藩这一对传统文化的纲常原则的捍卫,可以说是放在捍卫清朝政府之前,乃至有人认为曾国藩此举与其说是捍卫"大清",不如说是捍卫中国社会与文化,即忧虑顾亭林所称的"亡天下"。

但这还只是他呼吁讨伐洪、杨的第二个理由,且这里主要是向士人或"读书人"呼吁，而他在第一段中向所有人、所有"有血气者"的呼吁，才是他更为根本和优先的理由，这一最优先的理由是认为洪、杨发动的连年战争造成了无数生命财产被毁，即所称"荼毒生灵数百余万，蹂躏州县五千余里，所过之境，船只无论大小，人民无论贫富，一概抢掠罄尽，寸草不留。其掳入贼中者，剥取衣服，搜括银钱，银满五两而不献贼者即行斩首。……此其残忍残酷，凡有血气者未有闻之而不痛憾者也"[18]。

曾国藩的第三个理由是说洪、杨辱教不敬神，即不仅士民共愤，也是人神共愤。他的确没有把捍卫清朝政府单列为一个理由，虽然他作为曾经的朝廷命官肯定也是要维护清朝政府的，但也可以说，他最忧心的还并不是"亡国亡朝"，而是"亡天下"，这"天下"既指可以保存生命的一般的社会政治秩序，也指千百年沿袭下来的社会伦理文化和传统纲常。而这两者经常是紧密结为一体的。或许也正是基于这些考虑，后来在平定洪、杨事变之后，据说有人劝他，既然握有全国最优势的兵力，又是汉人，不妨自己代清称帝，而他根本不做此想，按照他上面自己提出的理由和观念，也绝不可能做此想。因为，改朝换代必然要大动干戈而使无数生灵涂炭，除非也是为了挽救更多人的生命，任何有良知的政治家都会，也应当在将很可能面临的伏尸千里、流血遍地的惨烈前景前止步。而名分纲常的实质意义，也是根本的道德意义也就在此。保守一种政治秩序，没有非如此不可的理由——这种理由也应是来自生命原则——就不去轻易置换和推翻它,这是有道义根据的。这种保守不简单地就是为了保守这个政府,而更主要的是为了保守生命,不去为实现自己的政治目的而去大规模地流他人的血。

我们当然要注意类似太平天国的事变中的普通参与者和其领导者的不同。从负面来说,参与反抗的人民先前所遭受的痛苦是可悯的;从正面来说,如果受到残酷的压迫,人民有一种反抗暴政的权利。但是,太平天国的举事是不是像陈胜吴广及其部众那样,到了为了生存必须如此大规模揭竿而起的程度?[19]因为这一举事就可能是不知多少人要为此丧生。我们注意到,曾国藩在讨伐其檄文所提出的第一理由还不是国家,甚至还不是纲常,而是生灵涂炭。在曾国藩那里,保存生命的原则是最根本的,因而也是最优先的。儒家有时或主张"汤武革命",诛"独夫民贼",也是因为这"独夫民贼"在极大地戕害民众生命,但这恐怕只能在极端情况下才能主张和推动——虽然后发比起首倡来可能会更可接受。即儒家似乎一般还是不主张首先举事。首先举事是一回事;当天下已经大乱,出来收拾残局是另一回事,这时虽然也要诉诸武力,但这是为了尽早结束已经出现的大规模暴力,为此甚至不惜以菩萨心而行霹雳手段,越快结束混战越好,但这样做正是为了早日安定,越少死人越好。

所以,我们需要注意即便是有许多合理因素的变革的"代价",因为这种代价并不单纯是经济物质的代价,也是生命的"代价"。任何变革,都会有一个"代价"或"成本"的问题,在此还不能简单地权衡变革之前与变革之后的利益，认为只要变革之后的利益超过变革之前的利益就可选择变革。因为这一变革的"成本"其实常常是以大量无辜者的生命财产为代价的，所以，不能不再三思之。另外，变革总还是有一种不确定性、一种冒险性，它可能成，也可能败，而即便是成，在这一变革过程中也可能造成不少人的生命财产损失。故古人说"利不十，不变法"并非全无道理。我们尤其要注意任何变革不要损害社会的基本道德原则，不要去诉诸将伤害无辜者的大规模暴力，[20]所以不能不极其谨慎地选择变革的可否、时机、方式和手段。

　　的确，还有另一个问题是：君主制这一政体是否对保存生命最好？还有没有其他的政治秩序能更好地保护生命？以及除了生命，是否还有其他更高的政治伦理原则或正义原则需要适时地予以满足？我曾经在率先进入近代的西方的三位主要社会契约政治理论家霍布士、洛克和卢梭那里，发现了生命、自由、平等三个正义原则理论逻辑与历史次序的暗合。在我看来，即便从现代的眼光来看，生命的原则也是第一位的正义原则，是需要最优先地予以满足的。中国的古典思想家的确没有提出现代平等、自由和权利的概念，但是他们对生命原则的理解还是丰满的，包括了生命的质量和生活的空间，也包括了生存平等、人格平等和广泛同情的观念。他们甚至也向往远古传说中的以"天下为公"的最高统治者的"禅让"，也相当完满地实行了官员、尤其高级官员都普遍地经过推荐和考试来选拔的制度，但是，传统社会的确没有实行过民主制度，而当时在古代的中国，除了君主制似乎也看不到其他选择最高统治者的方式。民主不会是一个人的发明，而是各种形势和力量长期发展和组合的结果。而中国历史上的确没有出现过这样的时势，也就没有产生过这样的理论和实践。所以，他们只能在一种特定的政治秩序——君主制度中尽力改善，以求其尽可能好地护养生命。这样，我们就涉及政治秩序的必要性，以及特定的政治秩序与一般的政治秩序的关系问题。

正如前述，生命作为最基本的价值，保存生命是第一位的社会道德原则，这在中国的先贤那里是有许多丰富和饱满的论述的。例如在孟子那里，他所主张的"王道"就包括了君主或国家必须遵循的保存生命原则的两个方面：一是必须保民，即保全人民的生命安全不受战争与内乱的侵犯，不许君王为对国土、权力的追求而发动战争；一是必须让人民有休养生息的条件，让民众有自己的财产，男女老幼能过上比较富裕的生活。[21]生命原则从价值上看，意味着生命是作为目的就本身宝贵的，由此，则所有人的生命都是宝贵的，所有人的生命在基本生存的层面都有一种不可剥夺的意义。

而要保存人的生命，确保和平与安全，也就必须建立一种社会政治秩序，这样就使人们不会在不可免的欲望与利益的竞争和冲突中轻易丧生，就能找到一种权威的力量来仲裁这些冲突的要求。人是社会的动物，是政治的动物。在人类出现的早期，人最大的敌人或应付对象是严酷的自然界和其他的动物，最需要克服的困难是如何合群以应对自然界的各种灾难或匮乏，也包括如何应对其他动物的侵袭或捕猎它们。后来人最大的敌人则是人自己，是其他的人或者人类群体。人要保全生命和财产，更进一步来说还要发展，还要寻求各个人或各个群体的繁荣与幸福，为此就不能不结成政治社会。这可以说是政治秩序的一般理由和道德根据。

而一般的政治秩序总是寓于某种特殊的政治秩序之中的，特殊的政治秩序也总是反映着一般的政治秩序。特殊的政治秩序还会反映不同的历史和民族的特点，但它也总是和一般的政治秩序及其道德理由有一种深层的联系。除非某种政治秩序"特殊"到损伤和戕害生命超过了无政府的自然状态的程度，否则，它的存在就总是具有某种道德的理由。[22] 所以，就特定的君主制的政治秩序而言，"三纲五常"有一种历史的意义；而就其还反映了一般的政治秩序而言，它还具有一种普遍的意义，包括现实的意义、当代的意义。我想特别强调的是，这种意义是道德的意义，或者说，为一般的政治秩序辩护的理由主要是道德的理由。这种理由就在于：政治秩序对减少生命和财产的损失具有基本的意义。支持一种政治秩序的最重要理由是看它后面隐藏的最基本和优先的道德原则——保存生命的原则。当然会有一些特殊的情况，比如遇到暴君和暴政，这就提出了暴力反抗和革命的合理性问题，但只要它保持了一种基本的政治秩序，防止了战争、内乱等大规模的流血，它就还有一种道德的意义。

这种道德意义并不需要君主的动机甚至品德一定是大公无私的，其动机可能是自私的，但客观上还是有一种道德的意义。而真正的大儒、真正睿智的政治家也并不是为君主制而君主制的，他们能够看到君主的问题：以暴力夺取天下的第一代君主虽然富有干才，但却容易走向暴政；而后来"生于深宫、长于妇人之手"的后代君主，却有可能走向平庸甚至昏庸。他们也设计了种种制度和观念，试图用"天谴"、"天命无常"、"民能载舟，亦能覆舟"，以及儒家所主张的君德来规谏、教育君主及其继承人，提升他们的德行和责任感。

所以说，虽然看起来在纲常方面儒家与法家的主张有些类似，但儒家的愿心与法家的愿心，以及它们分别要达到的目的与效果是不一样的。从战国秦汉的历史来看，正是儒家纠正了法家，从而为一味功利强权的国家政治提供了一种道义的基础和限制。在中国历史上，孜孜不倦地努力限制君权的正是儒家；为君主制度提供一种道义的约束和人道价值基础的也正是儒家，而且，正如上述，这种努力还不只是道义观念上的，儒家还探索与实行了一套选举、监察、规谏等与君主分享权力、共治天下的制度。如果不是儒家，而使权力任由法家主导，那么，君权只会更绝对，历史上无疑会出现更多的暴君和暴政。虽然用今天的观点来看，儒家这种对君权的限制还不够有力，还没有上升到宪政或法治的层次上来。但当时的客观形势的确还没有形成能够提出一种民主共和制度的条件。

## 四 "纲常千万年磨灭不得"

如果我们能够看到儒家所主张的"纲常"后面基本的生命价值，看到"纲常"要维护的最根本的道德原则其实是保存生命的原则，那也就不难理解：以汉族为主体的中华民族数千年的存续，中国社会及其历史文化相当连贯一致的传承，的确有赖于传统"纲常"。

《论语·为政》记载了有关儒家政治与历史哲学的重要一章。第23条子张问："十世可知也？"子曰："殷因于夏礼，所损益，可知也；周因于殷礼，所损益，可知也；""世"据先儒注解，是指"王者易姓受命为一世"，即不是指个人家族的一世，而是指一个王朝、一个朝代；而我们在此要特别注意所"因"与"损益"的区分，"因"也就是继承、传承，是不变；而"损益"则是变化、改变和增减。夏、商、周三代或三世之间，既有传承，又有损益；既有永久不变的东西，不可"与民变革"的东西，又有必须根据时代情况变革的东西。对于夏、商来说，由于是追溯过去，是已经发生的历史，所以，孔子说，连"损益"也是知道的；至于所"因"更是不言自明。但由于还处在周朝，周朝还没有过去，所以，当子张再问自此以后，"十世之事，可前知乎？"孔子回答说："其或继周者，虽百世可知也。"孔子虽然崇尚周文，希望复礼，但看来也并不认为任何朝代能够万世一系，他对未来还是保持着开放的态度，即认为未来还是会有变化，还是"或有继周者"，但他也深信，未来的不仅十世，甚至百世，不论是什么王朝，都还是可以知道的，这可知的自然不会是与时俱变的"损益"，而是所"因"了。

那么，这不仅过去的朝代可知，连未来的百世也可知的所"因"是什么呢？它一定不会是枝叶，而一定是社会的根基，是社会最基本的原则。朱熹在《四书章句集注》卷一中引用了马融的注疏："所因，谓三纲五常。所损益，谓文质三统。"并自己解释说："三纲，谓：君为臣纲，父为子纲，夫为妻纲。五常，谓：仁、义、礼、智、信。文质，谓：夏尚忠，商尚质，周尚文。三统，谓：夏正建寅为人统，商正建丑为地统，周正建子为天统。"他特别强调说："三纲五常，礼之大体，三代相继，皆因之而不能变。其所损益，不过文章制度小过不及之间，而其已然之迹，今皆可见。则自今以往，或有继周而王者，虽百世之远，所因所革，亦不过此，岂但十世而已乎！"朱熹并引胡氏语说："子张之问，盖欲知来，而圣人言其既往者以明之也。夫自修身以至于为天下，不可一日而无礼。天叙天秩，人所共由，礼之本也。商不能改乎夏，周不能改乎商，所谓天地之常经也。若乃制度文为，或太过则当损，或不足则当益，益之损之。与时宜之，而所因者不坏，是古今之通义也。因往推来，虽百世之远，不过如此而已矣。"

也就是说，我们预测未来的往往是依据我们的过去。我们要从时代发现和改革那些需要改变的东西，但我们也需要从历史发现和传承那些不能改变、至关重要的东西,这不能改变的东西就是"纲常"。我们有赖于"纲常"来维系社会和保存生命。这是道之大体,也是礼之大体,或者说国之大体。即便我们今天说"纲常"的内容也还是会有"损益",外延还是会有缩减,比如说孔子与朱熹所处的社会都还是君主王朝的社会,他们还无法设想平等的民主社会,所以他们把"纲常"理解为包括了"君为臣纲"的"三纲五常",但即便如此,一种"纲常"的核心无论如何是不可改变的,是不可抛弃的。而且,我们也看到,传统的"三纲五常"也的确是对保存了中华民族与文明的连贯传统功莫大焉。

朱熹在回答弟子有关此一章节的提问时对此有更多进一步的阐发。[23]他强调所"因"与"损益"的不同,后者可变易,前者不可变易。而且,后者是为前者服务的:"此一章'因'字最重。所谓损益者,亦是要扶持个三纲、五常而已。"至于为什么纲常的基本内容不变,但不同的王朝、时代还是会有所变化和"损益"。他认为前者是来自天理,后者是来自人为:"所因之礼,是天做底,万世不可易;所损益之礼,是人做底,故随时更变。"

这变化有些是必要的,朱熹认为这主要是"时势"所带来的变化,而且这种变化往往是纠上个世代所偏,往往是因为上个朝代的政策走到极端而不得不救其流弊。"变易之时与其人,虽不可知,而其势必变易,可知也。盖有余必损,不及必益,虽百世之远可知也。犹寒极生暖,暖甚生寒,虽不可知,其势必如此,可知也。"比如:"周末文极盛,故秦兴必降杀了。周恁地柔弱,故秦必变为强戾;周恁地纤悉周致,故秦兴,一向简易无情,直情径行,皆事势之必变。但秦变得过了。秦既恁地暴虐,汉兴定是宽大。"他甚至认为即便是孔子参三代而不是只参前一代所做的"损益",及其到最后,也不可能无流弊,所以,一个时代一个时代的时势变化是不可免的,与时俱进的变革也就是不可免的。

但这里有一个可能的挑战,就是孔子说后继周者,百世可知,即所"因"会一致,都不会离弃纲常。但作为后世第一个重新统一天下而继周的朝代却是相当残酷暴虐的秦朝,这如何解释?朱熹认为:即便在苛政甚至暴政时期,纲常也并没有完全泯灭,秦始皇虽然专制和残暴,但有些东西是他也不敢变或不能变的,他还是要维持社会一种基本的政治和伦常秩序,只是他"安顿得不好"。的确,"秦最是不善继周,酷虐无比,"是"大无道之世",但是,"毕竟是始皇为君,李斯等为臣;始皇为父,胡亥为子"。以及"扶苏为兄,胡亥为弟,这个也泯灭不得。""如尊君卑臣,损周室君弱臣强之弊,这自是有君臣之礼。如立法说父子兄弟同室内息者皆有禁之类,这自是有父子兄弟夫妇之礼,天地之常经。"其"所因之礼,如三纲、五常,竟灭不得"。只是后来秦始皇等自坏纲常,"至秦欲尊君,便至不可仰望;抑臣,便至十分卑屈"。又重用赵高等奸臣,使胡亥僭越登位等等。我们还可以说,秦亡的原因还包括继续迷信暴力强制,丢弃了纲常后面的主旨和深意——即统治者应当以民为本，关怀民生，保障生命，而秦始皇却钳制言论，杀戮士人，大修阿房宫、长城，横征暴敛，刑法严酷，不顾人民死活，最后终于导致了推翻秦朝的大反抗。对纲常的遵守的确会有自觉与不自觉、努力与不努力、彻底与不彻底、坚定与不坚定之分，而委弃纲常最终将导致自身的覆亡乃至持久的乱世。以私意夺取政权、统一天下固然也有结束战争、维持社会秩序，从而客观上减少了对人们生命的损害的一面，即有不自觉地"履行纲常"的一面，但如果一味以私意行之，这种对"纲常"的"履行"是不会全面、持久和坚定的，从而会有新的扰民、害民，最后则导致"覆舟"。

所以，朱熹得出的结论是："纲常千万年磨灭不得。只是盛衰消长之势，自不可已，盛了又衰，衰了又盛，其势如此。圣人出来，亦只是就这上损其馀，益其不足。"有一些基本的生生与合群之道一直被古人们直觉地视作"天经地义"。当然，这"纲常"的具体内容会有"损益"，这"纲常"被一个社会的重视程度和影响会有"盛衰"，这"损益"和"盛衰"就依我们对它的主观态度和努力程度而定。也是在这一意义上，我们说道德不仅有独立于政治的一面，而且比任何特定的政治制度和意识形态都更永久。

汤因比在他的巨著《历史研究》中认为，在人类近六千年的历史发展中，共出现过二十多个文明形态。而在这二十多个文明中，至少有将近二十个文明——如曾经灿烂辉煌的古代巴比仑文明、古代埃及文明、古代墨西哥文明、玛雅文明等——

已经消失，还有几个早已停止发展，现今也奄奄一息。目前现存的文明形态不足十个，其中最强势的自然是西方基督教文明，还有东正教文明、中国文明、伊斯兰文明、印度文明等。

而在他归纳的这所有文明形态中，中国文明可以说是最具有连贯性的，它拥有自己独特的数千年的连贯发展的历史。其他的文明，或是一度辉煌，然后早夭；或是历史较短，属于新兴；或是换民族、换文化，继续接力，例如曾经极度灿烂的古希腊文明在雅典等城邦衰落之后，中经了古罗马文明、中世纪基督教文明，最后又分化出东正教文明，而西方的一支又迭经英国中心、美国中心等格局，才形成为现在这一强势的现代西方文明。而中华文明基本是一脉相承的，其主体一直是以汉族为主的中华民族，虽然其间也不断进入如陈寅恪所说的"种族的新血"，但是文化的传承是一贯的，种族也没有大的变化。[24] 那么，是什么因素使中华文明以及民族生生不息，保持了这样一种连续一贯性呢？除了相对自成一体的地理环境、很早就形成的国家强力等因素之外，作为社会政治秩序与文化之道德核心、被人们普遍信奉的传统"纲常"应该说对此起了最重要的作用。[25]

## 五　今天的中国社会亟须重建纲常

然而，中国自从在19世纪开始与西方大规模遭遇与冲突，就不得不大变，不得不改变自己的"千年传统"，开始被迅速拖入了一个必须发愤图强以求生存的过程，也开始进入了一种一波又一波、越来越激进的"启蒙与革命"的过程。中国的自强洋务运动被甲午战争打断，而由此战激起的戊戌变法，又不幸被一些文人而非政治家主导而中夭。辛亥革命应该说还是一场流血代价还比较小的革命，但是，既然清君主退位，人们却似乎没有耐心去培育最需要时间来培育成长的民主共和制度，而是急不可耐地想走捷径，向外人似乎"最快、也最成功的根本解决办法"学习，这就容易走到虔信意识形态的诈力和武装斗争的暴力。从新文化运动开始，人们以为全盘改造和彻底否定才能创造一个新的富强世界，于是在必要的启蒙之外，对整个中国历史文化传统发起了猛烈攻击，而"三纲五常"则首当其冲。"三纲五常"的具体内容固然可以根据时代的要求进行调整，但是，人们似乎连整个"纲常"都要彻底抛弃，因为，不破不立，现在有了外来的、时兴的思潮和主义可以作为新的旗帜。

这一对"纲常"的抛弃和轮番攻击可以说在"文革"期间达到了最高潮。在"文革"的初期，有席卷整个社会的"破四旧"运动，把早已经奄奄一息的传统"旧思想、旧文化、旧风俗、旧习惯"，包括许多古迹和文物又彻底砸烂和扫除了一遍。一些先贤先人的坟墓乃至尸骨被炸被挖。[26] 千百万人家被抄家，孩子被要求"划清界限"，揭发自己的父母，甚至打自己亲人的耳光；夫妻也被鼓励互相揭发和批判。道德被政治完全代替,完全根据对一个政治领袖的忠诚与否来判断行为的是非和人的好坏。在"文革"的后期,又有全国全民参与的"批林批孔"运动,把"孔子要复礼"和所谓"林彪要复辟"联系起来批判,宣讲儒法斗争史,大批儒家,赞许法家,包括赞扬秦始皇。这次"批林批孔"运动虽然没有在器物上打砸刨烧,但却试图深挖传统文化的思想"老根"或精神灵魂,不仅与"传统的所有制关系",也与"传统的观念"实行"最彻底的决裂",同时也试图接上中国历史文化中的另一个传统,即在运动中大力标举的法家和专制者的传统。知识分子、包括许多原来尊孔崇儒的知识分子也被纷纷驱上反孔反儒的战车。[27]孔子、儒家以及礼教纲常也在社会大众的层面被污名化,这种影响乃至波及至今,而这种影响对社会道德的伤害是绝不可低估的。

传统文化及其"纲常"同时也受到了从1919年到1989年的许多具有自由主义倾向的知识分子的批判,而在近二十多年来虽然有一些恢复和重整,但也遇到了市场经济大潮的冲刷。经过近百年的反复批判和轮番冲击,应该说传统"纲常"的观念已经非常衰微,以儒家为主要代表的历史文化传统在一些重新到来的信仰者的艰苦努力下有一些重振的趋势,但基本也还是处在社会边缘的位置。

我们观察今天的中国社会。中国弃君主行共和已经百年,现在正进入它的第二个百年。抚今追昔,它在近年来的成就是有许多方面可以感到骄傲的。在历经战乱和动荡之后,中国在最近的三十年经济和国力终于有了突飞猛进的发展，经济崛起的成就举世共睹。然而，奇怪的是，这些成就却似乎未给国人带来精诚的团结与共识，也未带来充分的自信和互信。相反，我们却看到：江海污染，食品有毒，执法粗暴，路人冷漠，官德不彰，民风不淳，暴力辱骂得到喝彩，千万富人准备移民，而隐秘的"裸官"恐怕也为数不少。

我们看到社会的戾气还是浓重。像最近有的权力机构核准或默许的反日示威游行，似乎只要稍稍一鼓动和放松，就开始出现打砸抢烧的现象。还有弱者向更弱者挥刀，一些自己不如意者竟然去打杀幼童。这种道德的乱象值得我们特别注意和警惕的在于：一是它的恶劣性的严重程度——官员的腐败不仅在很高层出现，甚至在一个小地方，一个乡长、镇长、银行分行的行长，也能贪腐上千万乃至上亿，而一个区的局长也能占有数十套房屋。在民间，也有人不仅杀害自己的妻子、父母、姐妹，甚至还杀害自己的儿女。二是它的广泛程度，即不仅有权力的腐败，还有像一个社会学家所说的"社会的溃败"，只要稍稍有一点临时的权力可用，或稍稍有一点缝隙可钻，就会出现吃相难看的滥用和"揩油"。亦即凡是稍稍有点权力的地方都出现腐败；甚至没有权力的地方也在努力造出"权力"而走向腐败。另外还有相当普遍的冷漠、对生命的不在乎和对公共礼仪和法规的无所谓，例如看到一个孩子或老人倒在大街上不去救助而酿成惨剧；连续发生的幼儿园校车惨祸；货运客车发生车祸不去救人而是哄抢车上货物；以及旅游海滩一夜涌进万人而满地垃圾等等。的确,有的情况,如最后一个例子中的失德是轻微的,但如此广泛却还是让人担心。

我们社会的基本信任、基本善意看来正在流失,有时甚至是相当快速地流失。政府的公信力遇到严重的危机,人们甚至对似乎只要是来自官方来源的信息就本能地不予相信。而有些人做一些善行,也马上就被怀疑是另有不良动机甚至"阴谋",或至少是"消费"和"炒作"。我们正在丧失起码的规矩,失掉基本的纲常。拿过去道德信誉和要求最高的两个行业——教师与医生护士来说,今天也同样受到严重的侵蚀,教师和医生的形象,以及师生关系和医患关系都出现了严重问题。当然,最要紧的问题还是:官像不像官?因为官员是处在这个社会最要紧、最影响别人的地位。而对我们所生活的社会与道德是否有信心和愿意负责任的一个关键检验还可以看人们,尤其是上层、精英是否想逃离这艘大船,而正如上述,我们的社会的确出现了一些这样的逃离迹象。而知识界与社会在如何解决这种种问题的方案上却出现了严重分裂甚至对立,甚至出现了一些极端主义的情绪和主张。一位经济学家如此写道:"中国经济社会矛盾几乎到了临界点。如果不能靠稳健有序的改革主动消弭产生这些矛盾的根源,各种极端的解决方案就会赢得愈来愈多人的支持。"[28] 而这些极端解决方案的对峙就很可能引发大规模暴力,甚至中国可能再一次陷入持久的暴力激荡的危险之中。

这种种触目惊心的失范甚至败德现象的原因究竟是什么?

它们究竟来自何处？我并不认为这就意味着是中国人的人心特别不好，或者中国人的民族性、国民性就特别糟糕。同时，我也并不认为这就"标志着中国道德的全面崩溃"。我还是相信人心，相信中国人的人心，相信孟子所说的"恻隐之心，人皆有之"，哪怕是这一根本的同情心和共念由于各种原因而常常变得微弱而没有导致行动和变成责任。这许多问题和事件诚然是我们社会的羞耻，是中国的忧伤，但人性在世界上其实是差不多的。虽然也还有国民性的问题，这由该民族的历史文化和当下的政治制度养成，而我们民族悠久的文明历史已经说明，传统中国人的道德风俗在世界上也绝不低下。但我们也的确要承认近百年来社会纲常被破坏所带来的严重影响，而且我们还是处在一个过渡期，是旧的已然破坏，新的却未立起，于是，在这样一个激烈的转变期，社会的道德也就出现了种种严重的问题。但一个社会的道德风俗，甚至一个民族在一段时间里形成的道德品格是可以改变的，而要实施这种改变，的确，制度是重要的，而善用政治的杠杆尤其关键。

我们需要探讨上述种种负面现象的直接原因并提出对策。但是，我们又还不能头疼医头、脚疼医脚，只是疲于应付，甚至无所作为。我们还应当同时努力寻求一种"长治久安"之道而非得过且过。从消极的方面、也是紧迫的一面说，是要防止分裂和灾难；而从积极的方面、根基的方面说，是要寻求社会的长治久安之道。过去的一个世纪的大部分时间还是处在一个相当激烈动荡的"过渡时代"，一个旧的社会已经被彻底打破，但是，一个具有共识和自信、能够长久稳定和发展的新社会的体制和观念体系迄今还没有真正地建立起来。我们目前只是走出了一个激烈动荡的过渡时代，甚至还依然处在一个尚称和平的转型时期，但还没有建成一个具有长久稳定体制的新社会，并且要随时警惕激烈的社会动荡还可能再来。所以，我们急需探寻确立一种新社会的类型，而优先的又是奠定这个社会的道德基础：从它的伦理纲常到它的政治正义。换言之，我们需要探寻和构建一种从制度正义到个人义务的全面的"共和之德"。

然而，恰恰是在这一方面，我们看到了我们的"软实力"的严重不足，因袭的政治意识形态和现实的社会生活严重脱节，结果使人们心口不一，言行不一，空话和套话流行。这种因袭的意识形态基本上还是从一种"打天下"的理论脱胎而来，而不是一种长久的"治道"。就其源头和早期历史来说，它还是一种外来的、曾经激烈否定中国文化传统的思想。今天提出的"八荣八耻"、"和谐社会"等，应该说是一个吸收了古代思想资源和新的世界眼光的部分修正，但尚非一个完整自洽的道德观念体系，也未充分反映中华数千年文明古国的文化传统和特色。我们应该有多种多样的尝试，来从理论上探讨充分利用中国历史文化中深厚的道德资源，同时又充分地考虑现代世界的发展，构建一个能够作为新的社会道德根基的伦理体系。

而在这方面，传统的"纲常"可以给我们许多有益的启示。近代以来，我们实际也看到一些借鉴传统"纲常"而重建新的"纲常"的努力,虽然它迄今还不是我们社会思想的主流。早在20世纪初,梁启超在他的《新民说》等著述中,就试图探讨构建一种新社会的伦理。前些年台湾在经济开始起飞之后,亦曾有在五伦之外构建"第六伦"即公民、陌生人之间的伦理的讨论。抗战期间,贺麟在1940年的《战国策》第3期上发表有"五伦观念的新检讨"一文,他在文章中写道:"五伦的观念是几千年来支配了我们中国人的道德生活的最有力量的传统观念之一。它是我们礼教的核心,它是维系中华民族的群体的纲纪。我们要从检讨这旧的传统观念里,去发现最新的近代精神。从旧的里面去发现新的,这就叫做推陈出新。"在结尾又说:"现在的问题是如何从旧礼教的破瓦颓垣里,去寻找出不可毁灭的永恒的基石。在这基石上,重新建立起新人生、新社会的行为规范和准则。"还有像钱穆的《国史大纲》、冯友兰的"贞元六书"等,都是在试图从不同的角度与方面唤醒传统、恢复尊重,同时也改造传统,推陈出新。以五四运动为标志的"启蒙"自有它的重大意义,但也有它的盲点和流弊。现在也许是应该"启""启蒙"之"蒙",或者说,纠"启蒙"之流弊的时候了,更勿论也需"革""革命"之"命"。[29]

总之,中国的经济和国力近年虽然大幅崛起,但文化与道德的状况看来并没有与之同步发展,在某些方面甚至有趋下之势,陷入危机。"礼义廉耻"更是百年来受到轮番冲击,常常是四面皆弱,甚至摇摇欲坠。中国的数千年历史悠久而又似显沉重,又值一个先是屈辱和动荡,后是暴力和战胜的百年之后，现在又正从边缘处走向世界舞台的引人瞩目之处，"旧邦新命"，责任多多，问题也多多，这也就更增加了社会与道德重建的必要性和紧迫性。问题多多却更要分清主次；时间紧迫却不可应付了事，还是要谋求根本的长久之道，而一个根本的解决办法就在社会道德根基的明确确立。这是道德的重建，也是社会的重建，因为一个社会的根基必须是道德的，而这道德又必须是最基本的。

注释：
[1]《说文》："纲，维纮绳也。"《书·盘庚》："若网在纲，有条而不紊。"
[2]《韩非子·外储说右下》。而这句话后面接着的是："故吏者，民之本，纲者也，故圣人治吏不治民。"又韩非等法家主张"以吏为师"。
[3] 如果用英文翻译"纲"，过去一种在旧"三纲"中的译法是"master"，即"主人"意，窃以为用"principle"（原则）较妥。
[4]《殷周制度论》，载《观堂集林》第二册，第453-454页，中华书局，1984年版，以下王国维引语均据此文。
[5] 即韦伯所说的三种政治统治的合法性之一——传统的基础，它来自对统治者的长期延续所带来的相信这种统治的神圣不可侵犯性。另外两种政治合法性则来自普遍的法理型和统治者个人魅力的克里斯玛型。
[6]《礼记·乐记》中也记载有此两纲："子夏对曰：'圣人作，为父子君臣，以为纪纲。纪纲既定，天下大定。'"
[7] 可参见福山：《政治秩序的根源》，广西师大出版社，2012年版。
[8] 参见拙文"汉立六十二年之更化"，刊于《领导者》总第42期。
[9]《春秋繁露·基义》。
[10]《春秋繁露·天地》。
[11] 陈寅恪："王观堂先生挽词并序"，见《陈寅恪诗集》，清华大学出版社，1993年版，第10页。
[12] 后来的司马光也是如此，且从效仿天地的角度更为强调尊卑等级。

他在《资治通鉴》开首的评论中说:"文王序《易》,以乾、坤为首。孔子系之曰:'天尊地卑,乾坤定矣。卑高以陈,贵贱位矣。'言君臣之位犹天地之不可易也。"

[13] 当然,这里还要区别早期法家与后期法家的不同,我认为主要是后期法家遗失了纲常后面的生命价值。虽然他们对生命价值和保民原则也偶有论述,但不是像儒家那样作为持久一贯的理论和主张。

[14] 如文天祥《正气歌》:"三纲实系命,道义为之根。"而作为士大夫,又有不惜生命来捍卫纲常的使命。有关纲常对于个人道德修养的意义,本书因为主要是考虑社会伦理没有过多涉及,这在宋明儒家那里有诸多的论述。

[15] 《荀子·子道篇》。

[16] 《读通鉴论》"叙论四"。

[17] 我们这里暂不涉分析太平天国的性质,但可以引用一下马克思的言论,他在太平天国初起时曾对之寄予希望,但在十二年之后的1862年夏,他在《中国纪事》一文中已经彻底失望:"(太平天国)除了改朝换代以外,没有给自己提出任何任务。他们没有任何口号,给予民众的惊惶比给予旧统治者们的惊惶还要厉害。他们的全部使命,好像仅仅是用丑恶万状的破坏来与停滞腐朽对立,这种破坏没有一点建设工作的苗头……太平军就是中国人的幻想所描绘的那个魔鬼的化身。但是,只有在中国才有这类魔鬼,这是停滞的社会生活的产物!"孙中山对太平天国的认识与评价也曾经历了这样一个类似的过程。

[18] 《讨粤匪檄》,此据《曾文正公诗文集》下册,商务印书馆,1937年3月版。

[19] 而即便是在陈胜吴广那里,也还混合有想实现他们自己的"鸿鹄之志"的个人动机。

[20] 暴力有它自身的逻辑。暴力的斗争有可能一开始就是权力与利益的混战,或者是后来演变为双方都失去合理性。暴力的"收功者"将很可能是另一个独裁者。而即便不是如此,在大规模的持久暴力之后社会要回到正轨,可能还要花费相当长的时间和相当大的成本。一些不吝在街头示威出现暴力者似乎倒更加明白这个道理,例如张宏良在出现了打砸抢烧的2012年9月示威游行之后的微博中写道:"此前做梦都渴望中国发生大规模示威游行的精英、公知以及由此形成的汉奸势力,突然百分之百而不是百分之九十九地一反常

态咒骂游行群众是暴徒,这说明了什么?这说明了此前我们的判断是正确的——在中国无论发生什么颜色的革命,中国人民都有能力把它变成红色革命。"见其微博地址:http://weibo.com/2601690847/yCgqXeeKG。

[21] 详请参见拙文"'王道之始'与'义利之辩'",载刘兆玄、李诚主编:《王道文化与公义社会》,台湾:中央大学出版中心,2012年9月版。

[22] 我在此前的"从传统引申:和平与政治秩序的关联"一文中,曾论述过保全生命与政治秩序的关联。参见拙著《良心与正义的探求》,黑龙江人民出版社,2004年版。

[23] 《朱子语类》卷二十四,论语六,以下朱熹引文均来自此。

[24] 如钱穆言:"欧洲历史,从希腊开始,接着是罗马,接着北方蛮族入侵,辗转变更,直到今天。他们好像在唱一台戏,戏本是一本到底的,而在台上主演的角色,却不断的更换,不是从头到尾由一个戏班来扮演。而中国呢?直从远古以来,尧、舜、禹、汤、文、武、周、孔,连台演唱的都是中国人,秦、汉、隋、唐各代也都是中国人,宋、元、明、清各代,上台演唱的还是中国人,现在仍然是中国人。"(1941年冬重庆中央训练团讲演)

[25] 基辛格最新的一部著作《论中国》也如是认为:"千余年来中国得以延续至今,主要靠的是中国平民百姓和士大夫信奉的一整套价值观,而不是靠历代皇帝的惩罚。"中信出版社,2012年版,第6页。译文根据英文原版略有变动。

[26] 据《快乐老人报》2012年1月5日第16版转载摘编自《中国新闻周刊》的文章:"文革"中孔庙、孔林、周公庙均遭毁坏,孔子坟被炸开;张之洞坟墓被挖开,并未腐烂的尸骨被野狗吃了;海瑞尸骸被拖去游街;霍去病墓被当成封建迷信推毁;岳飞墓也被彻底刨开。

[27] 例如1949年前试图复兴儒家理学的冯友兰,虽然他在1949年后已经多次受批和检讨,从而认定孔子是代表剥削的地主阶级利益,但在批林批孔运动中,则再次认定孔子是更为反动的奴隶主阶级的思想代表。

[28] 吴敬琏:"中国经济社会矛盾几乎到了临界点",见财经网:http://magazine.caijing.com.cn/。

[29] 当大陆在进行"文化大革命"的时候,台湾有一"中华文化复兴"运动。近年大陆也开始有一些对三纲五常的重新讨论,例如叶蓬:

"三纲六纪的伦理反思",《河北师院学报》(社会科学版)1997年第3期;陈瑛:"三纲五常的历史命运——寻求'普遍伦理'的一次中国古代尝试",《道德与文明》1998年第5期等。尤其最近两年,更有一场有关传统"三纲五常"价值的比较深入的辩论,可参见方朝晖:"'三纲'真的是糟粕吗?——重新审视'三纲'的历史与现实意义",《天津社会科学》,2011年第2期;李存山:"对'三纲'之本义的辨析与评价——与方朝晖教授商榷",《天津社会科学》,2012年第2期;张晚林:"'三纲五常'新证——与方朝晖、李存山先生商榷"(刊于《儒家中国》网站。http://www.rujiazg.com/list.asp?typeid=6),方文尝试为"三纲"平反,认为它的本义决不是指无条件服从,而是指从大局出发、"小我"服从"大我";"三纲"精神是未来中国实现健全民主的条件之一。张文认为,"三纲五常"被认为直接对抗于现代民主政治中的自由与平等理念。但无论是中西方古典的政治学,都很少提及自由与平等观念,而是让人回归到理性存在中,这里自有平等与自由,但亦承认人格的等级性与差别性,这正是古典高贵精神的体现。他还谈到古典社会之精神可称为"质量精神",而现代社会之精神则可称为"数量精神",前者是精神的、贵族的、立体的,后者是物质的、大众的、平面的。三纲说乃承袭一种古典高贵精神而来,在求上位者先尽其德而为一理性存在,下位者勉而从之,由此完成一个各尽其德的理性存在的理想世界。这不但不违背自由,而且是各适其位、各尽其性的真正自由。

# 第二章 为什么提新纲常?

我们可以极其简略地追溯一下旧纲常正式形成以后的历史过程：因纠"秦制"及战国以来的社会风俗而"更化"、结合以儒家为主要代表的"周文"而形成的"汉制"——其社会伦理的核心即三纲五常——成为后来两千多年的传统中国社会政治制度的基本范型。由于重视了德行文化，加强了社会的上下流动，西汉的人才相当可观，地方政治也富有活力。虽然有两汉之间的大动乱，但刘秀借助人们对西汉的记忆和正统的力量，重新出来恢复了汉家王朝，使四百余年的两汉成为秦以后中国历史上最长久的一姓王朝。东汉一朝也甚砥砺名节，用顾亭林的话说，这也是东汉后期虽然多庸主乃至昏君，但却还能多年不坠的一个原因。[1] 后来则又是国家分裂，鼎立而三，暴力权谋盛行，俨然就像回到了"战国"。继又"禅让"闹剧屡演，以致有的统治者都不好再以"忠"为标榜，而称"以孝立国"。在西晋的短暂统一之后又是长期的分裂和战乱，地方世族力量大大上升，在东晋又俨然像是一段"小春秋"时代。

在近三百年的动荡分离之后，隋朝重新统一了中国，却又如秦不久即灭。唐朝的辉煌时期几可与汉比肩，科举制度也于此时稳固地确立，但后来陷入了藩镇割据。五代十国之后，北宋的建立可以说是历代王朝更迭中最为"顺取"、几乎兵不血刃的一次，而它也可以说相当的"顺守"，君臣关系比较和平，有时甚至还有亦师亦友的意味，君主对违逆或不顺主意的大臣也不予诛杀而一般只是流放，只是由于价值观等问题，其武力乃至国力并不强劲，而此时又遇到了北方强邻的崛起。但是，后来的南宋在北方强敌的压迫下竟又维持了一百五十年，也可说有被前朝德风流泽之因。君主集权在明太祖时期可以说达到了最高峰，他在战火中夺得政权之后又屡次大杀功臣，永久罢弃相位，并撤除了对明确主张"民贵君轻"的孟子的祭祀。明朝君主且常常在朝会时廷杖大臣。然而，严苛的暴政并未带来官场和社会风俗的改良，相反，有明一代，尤其是到明末，社会风气变得相当放纵和松弛。最后是清人入关，迅速夺得了天下，且有过康乾盛世。

中国到 19 世纪中叶却遇到了以前从未遇到过的，不仅武器工具上强有力，而且具有制度与文化优势的西方列强，但清朝能在如此压力下抗衡（也包括通过改革变法来抗衡）七十年也属不易，最后它的结束也像它的取胜，辛亥革命在很短的时间内就迅速结束了，并且没有像以前多数改朝换代那样连年战火，伏尸百万，这也算是中国的幸事。而在这两千多年的历史过程中，传统"纲常"并没有因为社会分裂动乱、政治改朝换代而泯灭，被人们忘记，相反，却是一次次被重申，被视作国本，而它也的确起到了长期维系中国社会与文明的中坚作用，直到近代遇到西方的全面挑战，在历经百年种种新思想的刺激之下，更重要的是，在社会发生了根本变迁的情况之下，今天看来它却必须将经历一次浴火重生、推陈出新的大历练。

## 一 传统社会对"纲常"的反省与坚持

传统"纲常"的主要功能在维持稳定的社会政治秩序，而其后面的、由儒家阐发的主旨在保障人民的生命财产安全，同时也力图通过上层的道德示范与责任，造成一种家国合一、尊尊亲亲的道德风俗。正如前述，它的确在使中华文明延续数千年方面起到了重大作用，但是，它也有自身的困难和问题，而"三纲"中最吃重的是"君为臣纲"，最主要的困难是对君主权力的限制，使其真正能够促进上述的道德目的。儒家在这方面的主要措施有：

1. 通过将君主置于"天之子"的地位，试图使天子受到更高的"天"的约束，这包括指出天命是可以转移的，天命最终在于人事，在于君主的行为，如果君王暴虐和昏庸不止，那么天命就会转移到另外的德行高尚的人身上。也就是说，总是有改朝换代的可能，有"汤武革命"的可能。在孟子看来，在这样的情况下，一个残暴成习的帝王即便还暂时居于君位，却是被视作可以推翻的"独夫"。董仲舒也试图用通过天灾显示的天谴来威胁和警告君主。而在有重大天灾或人祸的时候，天子也是要下"罪己诏"的。

2. 在人事等政治制度上，努力用官员制度来约束君权。君主无论如何还是不可能一个人治国的，这样就有可能有意识地提升官员的地位，包括设置丞相来调节君权，而更重要的是，通过确立和完善一套从察举发展到科举的选拔官员的严格制度，使皇帝不能随意干预官员队伍的选拔，这整个官员的阶层都是按照儒家的道德思想培养和选拔出来的，皇帝并不能随便染指，他不能随意赠与他喜欢的人以功名，也不能随意改变举行科举考试的内容和时间。除了一套严密客观的推荐和考试制度，也还有一套监察制度，官员被鼓励规谏君主，甚至不惜冒死规谏。同时史官也要发挥作用，记录君主的各种行为。包括最后给予每个君主、类似于盖棺论定的谥法。以此种种措施，努力形成一种"士大夫与君主共治天下"的局面。

3. 在君主及其继承人的教育培养上，也是以儒家思想为主，这些思想包括君主应当品德高尚、应当爱民、应当实行仁政等种种教诲。还有对礼制的尊重，对名器的尊重，对政治传统的尊重，对祖宗家法和成例的尊重等等。

这些措施应该说还是有相当效果的，从而对历代统治者构成了一定的约束。它们也为社会，尤其是构成官员主要来源的士人所赞成，从而使其对中国社会具有重要的影响力和吸引力。否则我们不会看到，中国在秦之后两千多年的历史上，虽然也迭有动乱和分裂，但还是一次次地回到这些基本的制度和纲常上来。甚至包括一些征服王朝的统治者也是如此，例如北朝、清朝，甚至更为粗放桀骜的元朝统治者，最后也都在某种程度上接受了这种文化的"驯化"和来自周文汉制的宪章制度。

不过，我们同时又应看到，这些措施对于君权的限制又并不是足够有力的，尤其在一些重要的方面还主要是道德观念上的约束，而缺乏实力的制约和抗衡。而儒家也经常在究竟是恢复"封建"的古意以分散君权，保持地方的活力，还是加强君权，以保持社会的稳定之间颇为两难。所以，我们看到，比如在唐朝，像韩愈等有鉴于隋唐以前中国的长期分裂局面，而又痛感于当时地方割据实力增长所带来的社会动荡，以及佛道对消弱国家能力的影响，所以更倾向于加强君主的中央集权。韩愈在《原道》中追溯先王之道，认为其法是"礼、乐、行政"；其民是"士、农、工、贾"；其位是"君臣、父子、师友、宾主、昆弟、夫妇"；"明先王之道以道之"，可使"鳏、寡、孤、独、废、疾者有养也"。因为，圣人之所以称王，也就是为了"相生相养之道"。"古之时，人之害多矣。有圣人者立，然后教之以相生相养之道。……如古之无圣人，人之类灭久矣。何也？无羽毛鳞介以居寒热也，无爪牙以争食也。"有鉴于唐朝的统治者和社会都比较信佛，"今也欲治其心而外天下国家，灭其天常，子焉而不父其父，臣焉而不君其君，民焉而不事其事"。他着力辟佛，故而特别强调等级纲常的服从一面："是故君者，出令者也；臣者，行君之令而致之民者也；民者，出粟米麻丝，作器皿，通货财，以事其上者也。君不出令,则失其所以为君;臣不行君之令而致之民,则失其所以为臣;民不出粟米麻丝,作器皿,通货财,以事其上,则诛。"这是"治于人者食人,治人者食于人"的严厉版,但归根结底还是为了"生养之道"。因为,在他看来,"弃而君臣,去而父子",也就是"禁而相生相养之道"。

宋朝君主权力相对宽松,社会风气相对文弱,而当时又面临强大外患,所以学者也是主张加强国家能力和君主权力较多。例如司马光说:"夫以四海之广,兆民之众,受制于一人,虽有绝伦之力,高世之智,莫不奔走而服役者,岂非以礼为之纪纲哉!是故天子统三公,三公率诸侯,诸侯制卿大夫,卿大夫治士庶人。贵以临贱,贱以承贵。上之使下犹心腹之运手足,根本之制支叶,下之事上犹手足之卫心腹,支叶之庇本根,然后能上下相保而国家治安。"[2]

而像明末清初的一些大儒,例如黄宗羲,痛感于明代从朱元璋开始的罢置丞相和君主专制,就更多地批判君权。而我们也的确看到,在中国历史上,君主的权力总的说是呈高涨之势,君尊臣卑的趋势总的说来是越来越严重。这样,从历史总体看,像黄宗羲对绝对君权的批判也是富有意义的。

在长期一味强调服从君主的气氛中,黄宗羲《明夷待访录》一书的确有空谷足音的感觉,它直探政治秩序的根本,明君臣的职分,重新强调民本。对"君为臣纲"的反省,明末清初的大儒往往一是从君主与天下、与社会的关系来立论,一是从君主与官员、与臣的关系来立论。从前者来看,黄宗羲很难得地，也很现实地认为："好逸恶劳，亦犹夫人之情也。""向使无君，人各得自私也，人各得自利也。"即他并不从一种性善论出发，而"君主"的本性也包括在内。如果作为君主只能为人民殚精竭力地服务，那么，他认为没什么人会愿意做君主，而正是因为君主能将天下作为自己的私产，人们就会争抢做皇帝了。所以，他以理想化的古代君主来批评今天的君主，"古者以天下为主，君为客，凡君之所毕世而经营者，为天下也。今也以君为主，天下为客，凡天下之无地而得安宁者，为君也"。他认为天下或者说社会、万民才是真正的主人，不断换人的君主只是客人。以一姓奉天下、奉万姓，而不是以天下万姓奉一姓。这才是君主的职分。"岂天地之大，于兆人万姓之中，独私其一人一姓乎？""盖天下之治乱，不在一姓之兴亡，而在万民之忧乐。"

天下如此之大，也不是君主一人能治理的，所以还需要官员。而官员之出而仕也，也是"为天下，非为君也；为万民，非为一姓也"。所以，君臣的正确关系应当是"夫治天下犹曳大木然，前者唱邪，后者唱许。君与臣，共曳木之人也"。即只是分工不同罢了。而且，局部地看，臣其实也可以说是"君"。"原夫作君之意，所以治天下也。天下不能一人而治，则设官以治之；是官者，分身之君也。"而且，他还注意到臣与子的区别，反对将臣与子并称，认为"父子一气，子分父之身而为身。故孝子虽异身，而能曰近其气，久之无不通矣"；而"君臣之名，徒天下而有之者也。吾无天下之责，则吾在君为路人"。这在某种意义上其实也是反对"君""父"并称，"忠""孝"并称，是注意到"君为臣纲"与"父为子纲"毕竟也还应有所区别。无论怎样强调儿女服从父母，一般的父母毕竟不会怎样为难儿女，因为这里有天生的一种感情或者说天性，父母一般都会慈爱自己的子女，而且，他们朝夕相处，直接接触，也会加强一种亲情。而君主几乎不可能与众多臣下发生和保持这样一种亲密和慈爱的关系，所以，政治领域虽然常常更有服从的必要，但意识到"君"与"父"、"臣"与"子"的这样一种差别也是重要的。它可以使我们意识到移"孝"作"忠"的可能危险，乃至将私人领域与政治领域过分搅和在一起的可能危险。

黄宗羲还认为，学校应当不仅是养士的场所，也是清议的场所，这一点也是和朱元璋在明初禁止士子议论政治正相反的。在他看来，"天子之所是未必是，天子之所非未必非，天子亦遂不敢自为非是而公其非是于学校。是故养士为学校之一事，而学校不仅为养士而设也"。总之，他从明朝的政治痛切地感到，许多问题都可能是："无乃视天子之位过高所致乎！"

在君主及其王朝政府与天下、政治社会的关系上，顾亭林也做出了区分。他的名言是："有亡国，有亡天下，亡国与亡天下奚辨？曰：易姓改号谓之亡国。仁义充塞，而至于率兽食人，人将相食，谓之亡天下。"[3] 他这里所说的"国"不是指"国家"或者说一般的政治秩序，而是指"易姓改号"，指改朝换代的政府更迭。而"天下"则是指社会，指一般的政治秩序，也包括"仁义"一类的"纲常"。所以，这里的"亡国"只是指一姓一朝的政府的颠覆，"保国"的任务是"其君其臣，肉食者谋之"；而"亡天下"则将造成"人将相食"的政治社会的沦亡，"保天下"的任务则无论怎么低贱的"匹夫"都是有责任的。而且，"保天下"是更优先的，有时看来是"保国"也是因为把"保天下"放在了心里。"保天下"才是真正的根本，也是最优先的出发点。"是故知保天下，然后知保其国。"顾亭林也不否定"保国"，尤其是君臣一类政治人物更不可推卸地负有这方面的责任。但是，他更重视的是这后面的"保天下"，而在当时历史条件的局限下，这种"保天下"的确也包含维护"君君臣臣"的特定政治秩序，就像顾亭林所说："魏晋人之清谈，何以亡天下？是孟子所谓杨、墨之言，至于使天下无父无君，而入于禽兽者也。"[4] 即他依然强调，有父有君的社会政治秩序，正是人与还处在自然状态中的动物的根本区别。

晚清张之洞的《劝学篇》"明纲"一节，或可视作是传统中国对旧纲常的最后且最重要的一次阐发和坚持。他引《礼记·大传》之言："亲亲也，尊尊也，长长也，男女有别，此其不可得与民变革者也。"然后说："五伦之要，百行之原，相传数千年更无异义，圣人所以为圣人，中国所以为中国，实在于此。"张之洞此言不差，这四者的确就是传统中国的特色，传统社会的确就是以此精神立国和存续的。但是，传统的中国在遇到西方之后又的确不能不求变，问题是哪些可变，哪些不能变。《劝学篇》"外篇"谈到了许多需要改变的方面，但张之洞的确认为"中体"或者说传统"纲常"是不能变的，变了中国就不再是中国了。他说："故知君臣之纲，则民权之说不可行也；知父子之纲，则父子同罪、免丧废祀之说不可行也；知夫妇之纲，则男女平权之说不可行也。"

但张之洞所处的时代毕竟又与曾国藩所处的时代不同了，于是论述的重心也变了，不再只是直接肯定传统的纲常，而变成了引西方来证中国，述中西之同来论纲常之不必变。他引西方国君、总统亦有解散议院之权来说明西国也固有君臣之伦。引"摩西十戒"敬天之外，以孝父母为先来说明西国也固有父子之伦。以西人虽爱敬其妻，但于其国家政事、议院、军旅、商之公司、工之厂局，未尝以妇人预之，来说明西国也固有夫妇之伦或男女之别。最后的结论是："圣人为人伦之至，是以因情制礼，品节详明。西人礼制虽略，而礼意未尝尽废，诚以天秩民彝，中外大同，人君非此不能立国，人师非此不能立教。"今天的人想必不会同意他这里有关三纲不能变，民权不能行的结论，或者说"纲常"后面的基本价值和精神不应改变，而其中的一些内容还是需要改变，事实上经过20世纪，也在实际中早已改变了。但是我们要理解他所处的19世纪末的时代形势和他作为一个政治家的身份，当时此书实际是作为戊戌变法的另一条改革路线提出来的，它不同于康有为的激进改革的文人路线，而且的确很有成功的可能。[5] 而当时人们对传统"纲常"的思想认识与感情，即便后来经历了一系列激进的过程,也是到二十年之后的新文化运动才有大的转折。

从总体和长远的观点看,君主集权乃至君主专制在中国历史上的确有加强的趋势,在明朝甚至可以说达到了一个历史的最高点。在这方面甚至后来的清朝也没有超越。从总体或平均水准看,清朝历任皇帝的能力和品格是要高于明朝的,所以它的有效治理,尤其是国家版图是远远超过明朝的。只是它后来遇到了此前皇朝从未有过的西方列强的巨大挑战,给后人留下了某种颟顸无能的印象。但无论如何,正如福山所言,中国的制度的确会遇到一个可能的"坏皇帝"的问题,在有的时候——尤其作为开国君主——可能比较容易遇到残暴的君主,如秦始皇与明太祖,而随后也可能比较容易遇到平庸甚至昏庸的君主。而如果碰到这样的时候,传统政制的实力制约是相对乏力的,"纲常"也更倾向于维持社会政治的稳定。但由于从总体上看,作为"统治阶级的统治思想"的儒家思想是以道德为根基的,是极力反对残忍暴虐的霸道和昏庸无道的,所以,在这方面并无意识形态的阻碍或负担,这样,重新通过不称职的皇帝的自然死亡、替换(如西汉霍光的废立)乃至改朝换代就往往还是能够拨乱反正,重新回到比较健康的传统政制与纲常的轨道上来。所以说,如果不是遇到西方的压迫,又的确有了新的政体可供选择,中国可能还会继续沿着这条传统的道路走下去,批判的现代观点可以认为这是长期停滞,而从古代士人的基本观点来看,传统的这一"政道"未曾不是一种健康合理、有永久生命力的"政道",所出现的问题和危机只是因为偏离了这条正确的"政道"。而对于老百姓来说,在"天高皇帝远"的帝制时代,也毕竟还是有许多安居乐业的时期。

但是,人类既需要政治秩序,又需要约束政治权力,这实际是人类面临的一个普遍和永久的难题。"生生"也需要更广阔的空间,需要更切实的保障。即便是再饱满的生命的原则,也还是需要向自由和平等的原则开放,或者说,需要从生命原则中单独分立出自由和平等的原则并予以满足。于是,我们不难理解当中国遭遇西方之后,就不得不在遭受欺凌之后还是坚持向西方学习,这种学习并不简单地就是因为羡慕西方的军事和经济实力,而是因为它的确还反映了在中国人的心灵中也同样潜存的对于自由平等的渴望。

## 二 近代以来对"纲常"的批判

和张之洞《劝学篇》大致同时,甚至成文还更早一些,个别深受新文化影响的士人对传统"纲常"的严厉批判就已经开始,我们这里是指写作《仁学》的谭嗣同。我们要理解似乎有些保守的张之洞,但也应理解近代较早发出全面批判传统"纲常"声音的谭嗣同。可能有他个人遭受过纲常压抑的经历和性格的影响,他的批判是相当激烈的,动感情的,而且这种批判不再像黄宗羲那样主要是引述古代思想资源,而是引进西方的自由平等新说。他发出了后来新文化运动重视思想批判,试图以文化为根本解决的先声。他在《仁学》中写道:"今中外皆侈谈变法,而五伦不变,则举凡至理要道,悉无从起点,又况于三纲哉!"但他还是肯定孔子的仁学,只是将名教纲常视作是后来的俗儒,尤其是荀学所为。他说:"方孔之初立教也,黜古学,改今制,废君统,倡民主,变不平等为平等,亦汲汲然动矣。岂谓为荀学者,乃尽亡其精意,而泥其粗迹,反授君主以莫大无限之权,使得挟持一孔教以制天下!彼为荀学者,必以伦常二字,诬为孔教之精诣,不悟其为据乱世之法也。且即以据乱之世而论,言伦常而不临之以天,已为偏而不全,其积重之弊,将不可计矣;况又妄益之以三纲,明创不平等之法,轩轾凿枘,以苦父天母地之人。"又说:"俗学陋行,动言名教,敬若天命而不敢渝,畏若国宪而不敢议。嗟乎!以名为教,则其教已为实之宾,而决非实也。又况名者,由人创造,上以制其下,而不能不奉之,则数千年来,三纲五伦之惨祸烈毒,由是酷焉矣。君以名桎臣,官以名轭民,父以名压子,夫以名困妻,兄弟朋友各挟一名以相抗拒,而仁尚有少存焉者得乎?"在他看来:"故常以为二千年来之政,秦政也,皆大盗也;二千年来之学,荀学也,皆乡愿也。惟大盗利用乡愿;惟乡愿工媚大盗。二者交相资,而罔不托之于孔。"这样,他对两千年之中国历史政治文化,就基本上是一个否定的态度。首先是政治伦理一片黑暗:"由是二千年来君臣一伦,尤为黑暗否塞,无复人理,沿及今兹,方愈剧矣。"而作为社会伦理之基本的父子关系也是难以逃脱的桎梏。"君臣之名,或尚以人合而破之。至于父子之名，则真以为天之所合，卷舌而不敢议。"他特别注意纲常对心灵的钳制，但这实际上可能主要是指对精英的心灵。

而且，这一次批判的思想资源不再只是本土和远古的了，谭嗣同的《仁学》引入了西方的，包括西方宗教的思想资源。他说："西人悯中国之愚于三纲也，亟劝中国称天而治：以天纲人，世法平等，则人人不失自主之权，可扫除三纲畸轻畸重之弊矣。""无惑乎西人辄诋中国君权太重，父权太重，而亟劝其称天以挽救之"，因为在天或者说上帝面前，所有人都应当是平等的。"子为天之子，父亦为天之子，父非人所得而袭取也，平等也。且天又以元统之，人亦非天所得而陵压也，平等也。"他希望所有"五伦"的人与人关系都像朋友一伦，因为朋友之所以择交的原则是："一曰'平等'；二曰'自由'；三曰'节宣惟意'。总括其义，曰不失自主之权而已矣"。也就是说，要独立、自主、平等、自由的人与人的关系，而应用到政治制度上的话，也就是民主。"故民主者，天国之义也，君臣朋友也；……父子朋友也；……夫妇朋友也；"但这样的话，其实除朋友一伦外，另外的四伦也就没有存在的必要了。"夫朋友岂真贵于余四伦而已，将为四伦之圭臬。而四伦咸以朋友之道贯之，是四伦可废也。""夫惟朋友之伦独尊，然后彼四伦不废自废。亦惟明四伦之当废，然后朋友之权力始大。"这样，也就是四海之内皆朋友了，天下一家了："无所谓国，若一国；无所谓家，若一家；无所谓身，若一身"。他虽然也低调地说过像庄子那样"相忘"即平等，但也高调地憧憬着四海一家。

由于当时的时势以及比较庞杂的思想特点和文字风格，谭嗣同这些思想的影响并不很大，但是，到陈独秀主持《新青年》杂志时，其批评传统纲常的文字就影响巨大了，尤其是对年轻人。陈独秀在1915年9月写的"敬告青年"一文中陈述其希望于青年人的六义，其中一义是"自主的而非奴隶的"。他在1916年1月发表的"一九一六年"一文，则又告诫青年第一要自居征服（To Conquer）地位，勿自居被征服（Be Conquered）地位。第二要尊重个人独立自主之人格，勿为他人之附属品。这已经为批判旧纲常提供了新的道德前提。他接着在当年2月写的"吾人最后之觉悟"中郑重提出：要根本解决社会政治问题，必须有赖于最后的觉悟——即伦理的觉悟，这伦理的觉悟就是要认清旧的纲常伦理已不适于时代，必须加以根本改造。他对旧纲常的态度倒是比谭嗣同温和，认为："儒者三纲之说，为吾伦理政治之大原，共贯同条，莫可偏废"。但是，他也同时指出："三纲之根本义，阶级制度是也。所谓名教，所谓礼教，皆以拥护此别尊卑、明贵贱之制度者也"。而"近世西洋之道德政治，乃以自由、平等、独立之说为大原，与阶级制度极端相反。此东西文明之一大分水岭也"。他认为关键的问题不是旧纲常有没有历史意义，而是在于：如果我们已经决定在政治上采用共和立宪制，而又在伦理上保守纲常阶级制，这是绝对不可能之事。因为，共和立宪制是以独立、平等、自由为原则,与纲常阶级制绝对不可相容。[6]

陈独秀在这方面最重要的一篇文章是"宪法与孔教"。他在其中再次认为"孔教之精华曰礼教,为吾国伦理政治之根本"。而伦理问题不解决,则政治学术等其他问题,纵一时舍旧谋新,而根本思想未尝变更,将不旋踵而仍复旧观。而关键的问题还是孔子之道是否与民国的教育精神相容。因为,西洋所谓法治国者,其最大精神,乃为法律之前人人平等,绝无尊卑贵贱之殊。所以共和国民之教育应发挥人权平等的精神是毫无疑义的。而孔子之道是否是这样的精神呢?陈独秀不同意有些人所认为的具有等级意味的纲常名教只是孔子之后的宋儒所造而与孔子无涉。[7]他认为三纲说不仅不是宋儒所伪造,且应为孔教之根本教义。因为儒教的精华就是礼,礼就是分别尊卑贵贱,而这就是三纲之说的所由起。陈独秀并且认为:"此等别尊卑、明贵贱之阶级制度,乃宗法社会封建时代所同然,正不必以此为儒家之罪,更不必讳为原始孔教之所无。愚且以为儒教经汉、宋两代之进化,明定纲常之条目,始成一有完全统系之伦理学说,斯乃孔教之特色,中国独有之文明也。若夫温、良、恭、俭、让、信、义、廉、耻诸德,乃为世界实践道德家所同遵,未可自矜特异,独标一宗者也。"[8]

而今天不能再固守孔子之道,在陈独秀看来主要是时代的原因。他说:"使今犹在闭关时代,而无西洋独立平等之人权说以相较,必无人能议孔教之非。"但他也认为这正是时代的进步,甚至不能以中国国情或"吾华贱族"推诿。"惟明明以共和国民自居，以输入西洋文明自励者，亦于与共和政体、西洋文明绝对相反之别尊卑、明贵贱之孔教，不欲吐弃，此愚之所大惑也。"而这后面其实也还是有一种生存竞争的目的动机。"吾人倘以为中国之法，孔子之道，足以组织吾之国家，支配吾之社会，使适于今日竞争世界之生存，则不徒共和宪法为可废，凡十余年来之变法维新，流血革命，设国会，改法律，……及一切新政治、新教育，无一非多事，且无一非谬误，应悉废罢，仍守旧法，以免滥费吾人之财力。"然而，如果我们"欲建设西洋式之新国家，组织西洋式之新社会，以求适今世之生存，则根本问题，不可不首先输入西洋式社会国家之基础，所谓平等人权之新信仰，对于与此新社会、新国家、新信仰不可相容之孔教，不可不有彻底之觉悟，猛勇之决心，否则不塞不流，不止不行"！[9]

五四新文化运动中批判传统纲常的锋芒一是集中在它们本身的内容上，尤其是其中的等级服从的涵义；另外，对它们的连接也多有批判，尤其是在"忠"与"孝"的连接方面，像吴虞的文章"家族制度为专制主义之根据论"就是这方面很有影响的一篇文字。他认为在商君、李斯破坏封建之际，中国本有由宗法社会转成军国社会之机，但未能实现，推原其故，实家族制度为之梗也。儒家以"孝悌"二字为二千年来专制政治、家族制度联结之根干，使宗法社会牵制军国社会不能完全发达，其流毒不减于洪水猛兽。共和之政立，儒教尊卑、贵贱不平等之义当然属于劣败而应归于淘汰。共和国的国民，不能甘为孔氏一家之孝子顺孙，不能囿于风俗习惯酿成之道德而与世界共和国不可背叛之原则相抗拒，这只能是像螳臂当车一样不自量。他主张用"和"代替"孝慈"来处理六亲关系。浙江青年施存统也发表过激烈的文章《非孝》，主张用平等的"爱"来替代。

我们如何看待这些批判？谭嗣同的批判比陈独秀的批判更为激烈，吴虞的批判则比较粗糙，仅仅因为希望富强就赞许一个"军国社会"也是牵强。相对来说，陈独秀还是更为客观理性，也更多地看到了传统纲常的历史价值。但这里有一个问题：是否传统纲常与现代价值就决不相容？按托克维尔的观点，传统社会与现代社会最大的差别是等级制度与（身份）平等。传统社会的价值观也接受等级制度，其纲常规范也具有等级服从的意味。但是，"平等"本身是一个有许多涵义甚至容易含混的概念，我们可以说平等有三个基本的层次：首先有平等的基本生存；其次是平等的基本自由；再次是平等的经济财富。而传统纲常不仅力图通过维系社会来保障所有人平等的生命权，它所理解的"生命"还是丰满的，虽然没有用"自由"之名，但实际上给了所有人的生命的舒张和发展以甚大、在有些方面甚至比当代中国还大的空间，比如许多经济活动的自由、迁徙的自由、生育的自由等等。另外，它还给予了几乎所有人，尤其是来自最广大的农民、贫民阶层的人们以受教入仕的自由。另外，它在强调每个人自身的责任、义务中实际上也就赋予了他人的、社会的自由。许多西方思想家也注意到这一点,即中国传统社会的价值观的确并不申明自由和权利,而是强调自身的责任与义务,但这种责任和义务也隐含着他人的权利,而承担责任和义务者也将同样因此获得其他承担责任和义务者隐含赋予自己的权利。最后,在平等的经济财富方面,受儒家"不患寡而患不均"的思想以及"大同、小康"理想的影响,历代王朝在抑制两极分化方面也有不少政策和举措,尤其是在救荒和救济那些最贫困者方面有积极的举动。

所以,如果看到传统纲常后面的善意和善举,看到纲常后面的基本价值和精神,我们可以说,传统纲常的精神与现代自由平等的价值是可以相容的——虽然也需要通过一定的调整和改造。即以现代社会精神的核心——平等的观念而论,儒家本来也就赞同人格的平等、基本生存的平等、入仕机会的平等,所缺只是政治地位和参与的平等、福利的进一步扩展等等。而后者是可以补足而并不违背儒家的根本价值观的。

另一个问题是:为了强国或者落实共和的政治伦理,除了批判"君为臣纲"的忠君思想,是否还需要去严厉地批判另外两纲:即批判孝道和男女有别?我们前面说过,即便是"忠君"思想,也还有所"忠"的其实也是名分,是一种理念,即同时也是忠于一种一般的政治秩序,这种政治秩序具有保全生命的普遍意义。虽然古代的确有将忠孝连接的特点,且是以孝为本,以使纲常更贴近自然和人性,这正是中国传统伦理的特色,如果说现代社会倾向于分离政教,分离公共生活领域和私人生活领域,那么,是不是只需将两者区分开来即可,而不必严责孝道？另外，我们观察近百年的中国社会变迁可以看到，不必怎么去实行"武器的批判"，家庭父子和夫妻关系的平等早已成为潮流，所谓的子女对父母、妻子对丈夫的等级服从、绝对服从早已成为昔日的神话。这传统的后两纲看来远比政治上的"君为臣纲"容易改变得多，这甚至得到了过去居上的一方的支持，因为在家庭关系中毕竟有一种紧密的接触和亲情存在。而政治上的绝对服从却一度反而有变本加厉之势，而且居上的绝对权力开始可能恰恰是打着"推翻旧社会"、"打破旧纲常"和"剪断四大绳索"的旗帜。

但是，这些批判也的确告诉我们，我们必须求新。社会发生了天翻地覆的变化，我们不可能再原封不动地遵循旧的伦理纲常。在传统的社会政治秩序中，一直有君尊臣卑过甚的问题，儒家一直没有找到最有效的约束专制权力的办法，而且，官本位现象也一直是传统社会的顽疾。我们也须让生命原则向进一步的正义原则开放：即向自由和平等原则开放。而在这一改造求新的过程中，我们不仅需要开发本土的价值资源，还需要吸收和借鉴域外的思想资源。

## 三　新的社会需要新的伦理

现代化也是全球化。从世界走向现代的数百年历程来看，几乎没有哪个民族能够自外于这一过程。这甚至在没有现代进程之初西方列强的"炮舰政策"的情况下也会是如此。因为现代社会的基本趋势和标志正如托克维尔所言,就是走向平等。而走向平等也就意味着多数人走上历史的政治舞台,民主共和也就由此生发和汹涌磅礴。而如果同意陀思妥耶夫斯基在其长篇小说《卡拉马佐夫兄弟》的"宗教大法官的传奇"中提出的观点,即认为"多数人"重视"地上的面包"(物质)更甚于重视"天上的面包"(精神),在一个多数支配的时代,以经济为中心和经济的加速发展也就可以预期了。现代化的真正力量和其潮流不可阻挡的秘密其实主要还是在这里,即就在各种民族与政治社会的内部而非外部,是因为各民族的内部的大多数人终究会在开放的情况下接受和赞成现代化,甚至会渴望现代化。无论在哪个国家,"多数"都开始在历史上第一次主宰社会的价值取向,并或迟或早将支配政治。

中国尽管有自身数千年特殊和独立的历史发展和文化传统,但它也不可能自外于这一现代化的过程。和进入现代化之前的传统西方社会的主体相同的是,传统中国也曾是等级社会和君主制度的;而和传统西方社会不同的是,它摸索了一条通过古代选拔制度(察举与科举)来实行等级流动和开放的制度。然而,到了20世纪,这一切都改变了。1905年,中国废除了科举制度;1912年,中国推翻了君主制度而建立民国;在随后的新文化运动中,又开始了对传统思想文化,尤其是等级纲常的批判。自此以后,中国更进入了一波比一波更激烈的社会动员与"武器的批判",内乱外战接连不断。1949年新中国成立,结束了内部的连年战争,但还长期处在政治运动之中,尤其是"文革"中的"破四旧"和"批林批孔"对传统文化更是一种从下到上、从里到外的摧毁性打击,孔子及其儒学被群众性地"污名化"。直到"文革"结束,启蒙在改革与开放的年代重返,传统文化仍被认为是走向蓝色海洋的现代化的阻碍。在上世纪90年代以后,市场经济的步伐加快,中国在经济上迅速崛起,传统文化得到部分的恢复记忆和认可。但是,历经百年的风吹雨打,社会已经发生了翻天覆地的变化,虽然平等的实践并不怎样成功,但平等的观念已广为传播,深入人心。在法律身份和社会地位上,至少观念上都认可了平等,人们也不断呼吁和要求着落实和扩大平等。

从伦理纲常的情况看,这一百年来,最先打破的似乎是政治上的"君为臣纲",但其实最难结束的看来也还是这"君为臣纲"。先天不足而后天又没有条件发育成长的共和制度似乎只是结束了"君主"之名,而没有结束"君主"之实。携外来的、新兴的意识形态之巨大的裹挟力,新领袖的权力及对他的广泛崇拜甚至要远远超越过去的皇帝。对"忠"的要求相较于昔日有过之而无不及。尤其在"文革"的"三忠于四无限"运动中,个人崇拜和效忠达到顶点。"万岁"、"万寿无疆"的欢呼和祝愿不绝于耳。早请示、晚汇报成为日常生活和工作作息的一部分。红语录、红袖标和忠字牌汇成了红色的海洋。不过,最高领导人的终身制虽然长期没有打破,但最高领导人世袭的情况倒还因为各种缘由而没有出现。

走出"文革"之后，领导人的终身制终于废止，且近年来最高领导层的换届渐成常规。官员的来源也不再是完全由政治路线决定和个别领导人拍板，但也尚非民选。约束权力的法制体系趋于比较完整地确立，但也还没有达成法律统治的确立。数千年的官本位虽然遭受过冲击，但在今天经济发展、掌握了远比过去多得多的资源的情况下，看来不仅没有被抑制，甚至还有变本加厉之势。经济利益甚至成为今天官员们新的无形"君主"，从公共领域的过度重视国民生产总产值到私人领域的以权力谋一己私利，皆反应了这一新的"君主"的强大影响。但随着经济的发展，人们的物质生活的确得到很大的改善，社会生活的空间也大大扩展，而人们的政治期望值也在不断提高。

不过，如果说"三纲"中的"君为臣纲"还是一度以新的形式重新出现，另外的"两纲"看来倒是发生了相当彻底的变革。传统的以大家庭甚至家族为中心的生活变成了以小家庭为中心，原来的以父子关系为主轴的家庭变成了以夫妻关系为主轴的家庭。而无论父子关系还是夫妻关系已经相当地趋于平等，这首先是由于原来弱势的子女和女性的经济地位大大改善，随着教育水平的普及和提高，接受新知的儿女们常常不必依赖父母也能得到不错的，甚至能很快超过父母的收入。而社会给女性的工作机会也大大扩展，新的女性不再像过去那样恪守在家庭之内。经济的独立带来了原先弱势的儿女和妻子地位的提高，而由于父母与儿女、丈夫与妻子有一种亲密的接触，有一种慈爱和互恋的感情的支持，前者甚至愿意主动推动建立一种平等和睦的关系，他们也天然是一个利益的共同体。而这是政治的等级关系所不具备的，尽管有许多类似于"君父"的比喻，但君主或领袖事实上并不可能真正像家长关爱自己的儿女或者夫妻互相的依恋一样关照广大的社会成员。

传统的"君父"并称更像是一个权威的比喻，因为在传统社会中，真正的政治关系并不深及大部分没有官员，即没有君臣关系的家庭。但20世纪的中国一方面由于现代国家功能的扩大，一方面由于群众性政治运动的影响，政治生活的确扩大到了所有家庭和社会成员。但是，现在新的政治上的服从权威和忠诚再也无需"孝"的支持，甚至它一度采取了破坏家庭伦常的措施，为了政治运动中的"输忠"，甚至常常鼓励儿女揭发父母，妻子批判丈夫。党和领袖被歌颂为远比父母还要重要的人格化身，父母只生下儿女之身，而"心灵"或"灵魂"却是要由党和领袖赋予的。一种"泛政治化"曾经一度席卷中国，达到过史无前例的程度。所谓的"道德"几乎完全是被压制在政治之下、成为政治的附属品，甚至淹没在政治之中。政治与道德的关系不再是像传统社会那样政治以道德为根基，以道德来衡量，而是"道德"随政治而转移，由政治权力来决定道德上的"善恶正邪"。社会上的人们，除了少数"阶级敌人"，似乎一度达到了共识，甚至达到了"整齐划一"，但那是虚假的"共识"，是短暂的"整齐划一"。当政治权力一旦发生转移和改变，政治观念一旦发生变化，依附于政治的"道德"也就要改变模样。这样,也就损害了人们对道德的信念与坚持,在政治的"虔信"之后往往就是道德的动摇、彷徨,乃至走向道德相对主义和虚无主义。而近年来又有一种"泛经济化"的趋向,原先温情脉脉的家庭关系也往往变成一种以功利、经济利益为重心的关系。

所以,虽然有一度的轰轰烈烈,甚至有过竞相奉献的时期,但真正的问题其实仍然存在,即在旧的伦理道德被颠覆之后,新的健全的社会伦理秩序的根基却一直没有真正建立起来。而中国已不可能再回去了,也不必回去。无论如何,我们已经进入了一个新的社会,或者更准确地说,进入了一个不可逆转地向新社会转型的时期。中国正在向一个新的现代社会大步疾走。而我们说过,这一新的现代社会的主要标志将是平等。

走向平等不仅是传统中国向现代中国转变的大趋势,也是传统世界向现代世界转变的大趋势。而率先出现这一潮流的是西方,约两百年前,托克维尔就从欧洲和美洲观察到这一潮流的不可阻挡,他认为这正是一个即将到来、将遍及全世界的新的现代社会的主要标志。的确,在他那个时代,他所说的"平等"还主要指的是身份的平等、法律地位的平等、政治权利的平等;他有时也用"民主"来指称这种"平等"。但他认为这种"平等"也必定会扩展到其他方面,例如经济生活。这将是一个和传统社会迥然不同的"全新的社会",这样一个社会无疑是需要一门"新的政治科学",包括新的道德、新的社会伦理。

平等是大势所趋，但是，平等的发展既可能"和自由结合在一起"，也可能"和专制结合在一起"。"现代的各国将不能在国内使身份不平等了。但是，平等将导致奴役还是导致自由，导致文明还是导致野蛮，导致繁荣还是导致贫困，这就全靠各国自己了。"[10] 在托克维尔看来，要使平等向良性的方向发展，制度的安排必须公正合理，遵循法治，公民也必须具有一种公共的精神、权利的观念和尊重法律的观念。所谓"公共的精神"，也可以说是一种爱国主义，但这种爱国主义和爱君主不同，那更多地是一种本能的、情感的爱国主义。而公民的爱国主义是一种理智的爱国主义，它虽然可能不像前一种爱国主义那样热情，但却能够"非常坚定和非常持久"。

那么，怎样培养这样一种理智的公民的爱国主义呢？托克维尔认为它必须来自真正的理解，必须在法律的帮助下成长，随着权利的运用而发展，从而真正将个人利益与国家利益统一起来。也就是说，要让爱国主义成长，就必须实际地让人们能够参与国家的事务和管理，让人们真正通过决定国家大事，而不是仅仅在名义上感到自己是国家的主人；就必须让人们实际地行使政治权利，这才是"我们可以使人人都能关心自己祖国命运的最强有力手段，甚至可以说是唯一的手段"[11]。公民精神的培养与政治权利的行使是绝不可分割的。而"权利的观念无非是道德观念在政界的应用"。亦即权利本身就意味着道德，虽然可能主要是指政府的道德、法律的道德、制度的道德而非个人的道德，即国家法律和政治权力必须以保障公民权利来证明自己的正义性。保障公民的生命、自由、产权等各项基本权利是政府必须首先具备的"德性"和功能。因为，这个所有人身份平等的社会不可能再以统治者的强制、赏罚来维系，甚至不可能再以强调上层的荣誉和责任来维系，而必须依靠所有人的理性与良知，依靠所有人的积极参与，而这就需要通过可靠的制度安排使他们真正享有各项基本权利，包括政治参与的权利。

但是，公民个人也必须负有责任和义务，这些责任和义务突出地表现在对法律的遵守和尊重。托克维尔谈到所有美国的阶层和人们对法律的巨大信任，甚至说他们像爱父母一样爱法律。因为他们能看到法律是保障他们的个人利益的，他们的自由和权利也必须以宪政和法治为前提。而美国的宪法和其他法律也是以权力的制衡，以保护公民的基本人权为基本原则的。所以，他认为，美国的法制和民情（mores，道德风俗）[12]对于维系美国民主社会的作用是超过自然环境的，尤其是民情起了根本的作用。

托克维尔也据此批评大革命之后的法国。尽管法国大革命以激烈否定传统的、大规模群众暴动的方式最早揭橥了"自由、平等、博爱"的口号，但"与自由结合的平等"并没有真正在社会扎下根来。他问道：在我们把祖先的一切制度、观念和民情全部放弃之后，用了什么来取代它们呢？在他看来，无法无天地纵情发展的法国民主常常处在混乱和战斗的喧嚣中，于是出现了我们本来不愿意见到的异常大乱。王权的威严消失了,却未代之以法律的尊严。一些人以进步的名义竭力把人唯物化,拼命追求不顾正义的利益、脱离信仰的知识和不讲道德的幸福,窃居他们其实不配担当的职位。政府权力大大扩张,独自继承了从家庭、团体和个人手中夺来的一切特权。少数几个人(甚至一个人)掌握权力,却使全体公民成了弱者而屈服。政治如此,而社会上的情况又如何呢?人们往往把爱好秩序与忠于暴君混为一谈,把笃爱自由与蔑视法律视为一事。有关道德之类的一切规范全都成了废物。无论穷人和富人,都没有权利的观念,而都认为权势或权力是现在的唯一信托和未来的不二保障。穷人保存了祖辈的无知,却没有保存祖辈的德行;他们以获利主义为行为的准则,但不懂得有关这一主义的科学。这样,我们在放弃昔日的体制所能提供的好处同时,并没有获得新的体制可能给予的益处。[13] 而我们从托克维尔对大革命之后的法国的批评中,其实是可以看见许多中国从20世纪以来的影子的。

而托克维尔这所有的批评,都是要人们适应这一社会朝向平等和民主的根本变化。人们不需要,甚至也不应当改变这一变化的基本方向,那也是任何个人都改变不了的,但应当努力根据这一根本变化调整我们的行为,调整社会的规范。同时也规制民主,使民主向着健全的方向发展和完善。

我们还可以集中在政治上观察这一变化和所需要的调整。古代的亚里士多德将政体分为三种正体和三种变态,一共是六种如下:

```
            一人统治   少数统治   多数统治
正宗：    王制政体   贵族政体   共和政体    ——为全体的利益
           （最优————最欠优）
变态：    僭主政体   寡头政体   平民政体    ——为统治者的利益
           （最劣————最不坏）
```

这里划分的标准一是看统治者的人数，分成了一人、少数和多数三种统治；一是看统治的目的与效果，分成了为全体利益的良性和仅仅为统治者利益的变态。按照亚里士多德的观点，如果从最理想的政体看，良性的一人统治会是最好的，但如果从最糟糕的政体来看，变态的一人统治也将是最坏的。而良性的多数统治虽然从最理想的政体看会是最欠优的，但从预防最糟糕的政体看，多数统治却又会是最不坏的。

而进入近代的孟德斯鸠却更为简明扼要的将政体分为三类：

| 政体类型 | 定义 | 原则（动力） |
|---|---|---|
| 君主法制 | 一人统治，但是是遵照明确固定的法律 | 荣誉（责任） |
| 君主专制 | 一人统治，按照他一己的意志和喜好 | 畏惧（惩罚） |
| 共和政体 | 全体人民或仅仅一部分人拥有最高权力 | 品德（爱国即爱平等） |

孟德斯鸠没有将少数统治单独列为一类。但共和政体是包括了贵族共和的。而他却引入一个新的标准——即统治的形式是法制还是专制而将一人统治分成了两种。这一划分或不如亚里士多德那样整齐，但是却更可能建立在经验的基础之上，因为君主制度相比于少数统治和多数统治来说，是历史上远为普遍和广泛的政体形式。[14] 而且我们今天也还看到，这两种政体还呈现出古今之分：君主制度主要是传统社会的政治统治形式，而民主共和主要是现代社会的政治统治形式。这在中国尤其是这样。另外，孟德斯鸠还特别强调统治方式中的有无法制（进一步说是法治），这一划分看来也可以最终引申到共和政体之中来。[15]

孟德斯鸠认为有四条自然法，其实也就是道德法。第一条自然法是和平，防止人们互相侵犯，因为如此才能保存人们的生命不受伤害。自然法的第二条是能够让人们去寻找食物，即能够有物质资料的供养。自然法的第三条是承认人们相互之间还是存在着自然的爱慕的感情，存在着同情。而自然法的第四条是承认人们愿望过社会的生活。按照当时人们对自然法的理解和这一理论的传统，所有的成文法、乃至所有的政府功能都应当是以自然法为根基的，换言之，也就是说要以道德为根基。

而按照孟德斯鸠对上述三种政体的划分和原则阐述，共和政体与道德的关系还有一个特别的地方，即它是最需要所有参与政治的人们的德性的,尤其是民主共和政体,由于所有的成员都需要在某种程度上参与政治,都在某种程度上是国家的主人。所以,一种政治的德性就是所有人都应具备的了。孟德斯鸠认为:这种品德不是个人的德性,也不是宗教的德性,而就是政治的品德、公民的品德。它的内容就是爱祖国,亦即爱平等。爱平等就是共和政体的原则。正是这种原则是推动共和政体的动力,正如荣誉与责任是推动君主法制的动力,恐惧和惩罚是推动君主专制的动力一样。

按照孟德斯鸠的解释,这种爱共和国意义上的爱平等,主要的并不是要求经济和物质利益的平等,而是要求服务和责任的平等,希望自己对国家的服务超过其他公民。虽然事实上由于个人的能力不同还是在分量上会不平等,但是他们全都以平等的地位为国家服务。这种平等也是和自由独立结合在一起的平等。这种共和政体下的平等和专制政体下的"平等"性质完全不同。初看起来,在共和国政体之下,人人都是平等的。在专制政体之下,人人也都是平等的。但在共和国,人人平等是因为每一个人"什么都是";在专制国家,人人平等是因为每一个人"什么都不是"。所以说,"品德"的自然位置就在"自由"的近旁,即真正的品德是以一个自由的道德主体为前提,而这种品德离"极端自由"和"奴役"都是同样地遥远。

如果这一平等的原则和德性没有建立,或者说这一原则被腐化了,那么,共和政体也就不能稳固的确立,甚至不能恰当的运转。孟德斯鸠认为:如果没有这种品德,野心便得不到约束而会进入一些人的心里而膨胀，而贪婪则进入一切人们的心里。人们要求自由是为了好反抗法律。人们会把过去的准则说成严厉，把过去的规矩说成拘束，把过去的谨慎叫作畏缩。公共的财宝变成了私人的家业，共和国就会成为巧取豪夺的对象。它的力量就只是几个公民的权力和全体的放肆而已。[16]

而困难之处还在于：专制政体的恐怖是可以自然而然从威吓和惩罚产生出来的。君主政体的荣誉，是受着感情的激励，同时也激励着感情。而在面对所有人的民主共和政体的社会，建设上述德性是需要教育的全部力量的，而尤其是需要理性的力量的，而它又必须变成一种根深蒂固的感情和习惯广泛地扎根于社会。热爱法律与祖国这种爱是民主国家所特有的。只有民主国家，政府才由每个公民负责。人民一旦接受了好的准则，将比所谓正人君子的人们，更能持久地遵守。这样，对祖国的爱将导致风俗的纯良，而风俗的纯良又导致对祖国的爱。

孟德斯鸠的观点是和托克维尔观点接近的，但他主要是从政治体制的角度来考虑，而托克维尔主要是从社会来考虑。但他们其实又都是结合政治与社会、体制与民情的。而他们一致同意的是：共和体制或民主社会的主要原则和动力是对平等的热爱。只不过生活在18世纪的孟德斯鸠那里，他还只是比较客观地分析君主和共和的不同政体，而到了生活在19世纪的托克维尔这里，则更强调世界的未来是必定走向平等的社会和民主共和的政治。

传统"三纲"可视为是对君臣的政治关系，父子与夫妻的家庭关系的一种人为的、道德的调整。君主的个人利益与国家利益有天然相合的一面，君主自然最希望天下稳定，而父母对儿女的关爱也自然地超过儿女对父母的关爱，妻子作为女性对感情的专注和家庭的关注通常也超过作为男性的丈夫。所以，传统"三纲"的确有为了稳定国家和社会，更加强调义务感相对较弱的一方尽其义务的倾向。另外，我们不难发现，在各种关系、秩序或组织中，如果仅从稳定着眼，强调权威与服从比强调平等与自由是更有利的，尤其是在某些处境之中，比如遇到外患和内乱各种挑战的时候，又如某一群体必须迅速解决危机的时候。所以，有些组织和行动，比如军队，尤其是比如舰队出航作战的时候；又比如医院，尤其是在手术室的时候；甚至在现代公司的内部，常常都会实行一种严格的服从权威制，甚至是明确的等级服从制。而稳定自然也并不是坏事，和平稳定正是社会繁荣发展、创造福利生活的前提。当然，可以质疑的是，稳定，甚至通过稳定来保障的生命是不是唯一需要满足的价值？和平稳定是生命之大利，但是不是能始终停留于稳定甚或保存生命的原则？而停滞的稳定是有可能妨碍人们的自由发展，甚至严重地剥夺人们的自由权利和平等发展空间的。

新的社会需要新的伦理。而正如上述，这一"新伦理"新就新在它已经必须是一种"现代之伦"，是一种"共和之德"。这一现代伦常或共和之德分成两个方面，一方面是制度的伦理，另一方面是个人的道德。新社会的主要标志是平等，所追求的主要价值也是平等,它也构成社会正义原则和公民权利义务的主要内容。现代社会的这种平等首先意味着社会身份平等、法律地位平等,但它也试图扩展到政治和经济的权利等其他方面。当然,对这一"平等"如果做宽广的理解的话,也可以说传统的中国社会也实现了某种平等,比如儒家所主张的人格平等、基本生存的平等、入仕机会的平等,等等。但是它的确还是等级社会的,是一人统治加少数治理的——其理想状态是"君主下的贤贤"。于是,其作为社会基本道德平台的"三纲五常"就相应地也是等级制的,是强调臣对君、子对父和妻对夫的服从的。当然,这并不意味着对君、父和夫就没有道德上的要求,恰恰相反,对他们的要求从不缺位,虽然有时似乎是具有"不言而喻"的特点。尤其我们如果从政治的观点来看社会,对作为社会上层的统治者的道德要求其实是更加严格和高标的。对"君主"、"君子"、"官员"的要求一直是儒家道德的主要着力点,甚至他们的道德才被视作是真正的道德、也是高尚的道德;儒家希望君主和士大夫努力"希圣希贤",成为社会上道德的榜样,从而影响民众,造就良好的社会风尚。换言之,适应于传统等级社会,道德风尚实际是两分的:君子履行真正的道德,也是高尚的道德,既满足自身的至高道德追求,也为民众作出表率;而民众则受上层君子的影响,形成良好的道德风尚。传统的道德其实只是精英性质的,是面向少数人的;它同时也是将规范与最高价值追求紧密结合在一起的,即在努力成为"圣贤"的目标下来约束自己的行为,追求一种良善的生活方式。

然而，新的平等社会的道德则必须面向所有的人，普遍地要求所有的社会成员，包括过去只是作为风俗而被"化"的广大民众。因为，现代社会要求普遍的政治参与权利的平等，分享政治权力的平等，以致经济财富的平等。这样，所有的社会成员就都相应地要负有平等的公民义务。的确，这种新社会的伦理将不可能，也不需要再是过去那种"希圣希贤"的高蹈伦理，而只需是一种平等要求所有人的底线伦理。至于更高的道德和其他价值的追求，将作为一种人生哲学乃至宗教信仰（而非规范伦理学）交由个人去处理。那些至高的价值和信仰追求能够作为一种强大的精神力量来支持人们对道德和政治义务的履行，同时也作为他们个人的安身立命之所，但是它们不再是社会的统一共识。现在社会的统一共识应当建立在社会制度和个人行为规范，或者说新的社会"纲常"的基础之上了。

## 四 新伦理的基本特点和主要内容

据此，我们或可略微归纳一下我所主张的新的社会伦理所应具有的基本特点，当然首要的是它应该是平等的。平等过去主要是落实在基本的生存的层次，现在它应该向更高的层次开放，而且直接在伦理规范上反映出来。而儒家思想中也的确是有这样的资源的，它所主张的"己所不欲，勿施于人"的"忠恕之道"体现了一种人格的平等和宽容的精神，那么，将这种平等精神推进到社会身份和政治参与的层次也是顺理成章。所以，新社会的伦理纲常不应再有等级服从的涵义，而是平等的面向所有人，也要求所有人。没有哪一个人能够例外，包括类似过去"君主"地位的最高统治者也是如此，因为今天人们也已找到了民主共和的政治形式，不再需要将一般的政治秩序寓于此前似乎是唯一可能选择的君主政体的形式了。

其次，新的社会伦理、尤其是其原则规范即"纲常"的部分，应该是非政治意识形态化的，也是和任何宗教信仰、乃至人文价值信仰体系有别的。伦理不是政治，它独立于政治，比政治更永久。它有它自己的原则、规范和标准。它的内容不能随政治权力的变换而变换。而且我们是在探讨一种基本的纲常，以及作为社会基础的纲常，它不能去忠于一个政治的方针，政治的路线，政治的主义；也不能去忠于一个政府乃至一个领导人。的确，新纲常仍然是包含政治伦理，甚至优先是政治伦理，但它并不是为政治服务的，相反，它是强调任何政治都必须有一种道德的根基，而且这种道德根基不仅是独立于政治的，还是对政治权力起引导和约束作用的。

新的伦理纲常也不宜和某一种宗教信仰挂钩，作为它的一个附属品。不要说成为外来的政治意识形态或者信仰的附属品，甚至作为中国本土的一种教派或学派的附属品也是不合适的。当然，任何合理的信仰和价值精神都是可以支持它的，它也欢迎各种精神信仰的支持，但并不唯一地依附于任何一个价值信仰体系，而是作为各种合理价值体系的规范共识出现。它和各种价值体系自然会有一些轻重不同或亲疏远近的关系，例如它和本土的，尤其是儒家的关系自然要紧密得多，甚至它的思想和话语资源就主要来自儒家，但我们还是认为它并不就是只属于儒家的伦理。我深信，信仰儒家的人们一定会赞同重整纲常，新纲常的形式和许多内容也是来自儒家，但我认为还是不必只站在儒家的立场上，将其完全收入儒家的囊中。从中国的历史看，虽然政治上被尊崇的儒家一直重视这一政治社会的道义基础，但这一重视也不是儒家所独有，像被视为法家思想先驱的《管子》"四维篇"中也说：国有四维，即礼、义、廉、耻。"一维绝则倾，二维绝则危，三维绝则覆，四维绝则灭。"即其中一维倾斜还可端正，出现危机也还可转安，甚至"覆"也还可再"起"，但如果四维俱绝，"礼义廉耻"全都没有了，则"灭不可复错也"。

另外，我们后面也还会谈到"新信仰"，但是，作为价值体系的"新信仰"和作为原则规范的"新纲常"是有所区别的，前者虽然已经具有中国特色，但是是可以容纳各种个人信仰超越存在的形式，包括外来的信仰形式的，即信仰其实是多元的。而后者却希望所有的有关方都达成一种约束社会行为的共识。

再次，新社会的伦理纲常的表述也不宜再是特殊人格的，比如像旧纲常表述的君臣父子夫妻关系，虽然它指的并不是一个个具体的人。借用罗尔斯的观点，作为道德原则，不仅它的要求应当是普遍用于所有人的,在表述上也应是具有一般性质的:即应当不使用那些明显的专有名词来概述原则。我们后面将谈到"民为政纲",但这里的"民"实际是指所有的社会成员。

最后,我想谈谈这种新社会的伦理纲常的生长途径。在我看来,它的主要活力或生机应当是在民间社会,虽然政治有时也可以起到最有力、甚至最迅速见效的杠杆作用。但是,道德的生长作为一种有机的生长,它的速率不可能是很快的,即便有时可以借助政治力量,也必定是因为在民间已经有了一定的生长和强烈的呼声。另外,我们的落脚点虽然是以大陆为主,同时也还必须考虑其他华人生活圈的经验。而如果我们想使大陆在中华文化的发展中发挥某种引领的作用,甚至以此推动统一大业,更是不能限于一种单纯的国家和政体意识、尤其是要脱离狭隘的政治意识形态。

中华文化的主要形态是一种伦理道德的文化,它包含着一些普遍的、恒久的道德核心原则和价值。中华文化源远流长,且其主体和地域相对单纯一贯,而又泽及四裔,四裔其实也在不断对中华文化的丰富和深化做出贡献。但中华文化在近代可说是遇到了最大的,甚至曾经是"生死存亡之秋"的挑战,国人甚至也曾一度自生怀疑,乃至自我否定,这虽然也可能是"凤凰涅槃"的新生所难免,但也需要适时地总结这百多年的经验教训,适时地重新恢复和进一步提升对中华文化的自觉和自信。总之,我以为现在应该是能够在这一个多世纪的经验教训的基础上，对中华文化作一点概述和推陈出新的总结的时候了。

当然，由于我们所说的"新纲常"之"新"，就意味着我们要适应一个新的"天下"、一个新的"全球化世界"的转变，所以，一种世界的视野和广泛的吸收各国政治与伦理转型的新经验也是绝不可少的。而否定存在着某些与各民族的特殊价值有别的"普世价值"，也就像否定存在着与各种族有别的"人类"一样是愚蠢的。据后人诠解，孔子作《春秋》已透露出一种"夷狄入中国，则中国之，中国入夷狄，则夷狄之"的精神，孔子在《论语》中也曾说："礼失求诸野"，"道不行，则乘桴浮于海"，均表现出一种注重文化及其中的普遍价值，注重向世界开放和民间生长的精神，我们也不妨效仿而行。道德的生机主要还是在民间。道德需要自然的生长，但也需要必要的制度保护和社会扶植。但在这种生长中，有不同的人们或群体主动提出各种各样新伦理的设想和设计也是有益的，我下面所提的也就是这些设想中的一个，我希望得到各种批评和反馈来完善它，包括有更完善的设想来取代它。这样也许就能形成一种合力，推动新的社会伦理根基的建设。

以下是我所提供的一份将新伦理的主要内容与旧伦理的内容进行对照的表格：

**新伦理与旧伦理的比较**

|  | 旧伦理 | 新伦理 |
| --- | --- | --- |
| 三纲 | 君为臣纲、父为子纲、夫为妇纲 | 民为政纲、义为人纲、生为物纲 |
| 五常伦 | 君臣、父子、夫妇、兄弟、朋友 | 天人、族群、群己、人我、亲友 |
| 五常德 | 仁、义、礼、智、信 | 名同左，但给予富有新意的解释 |
| 信仰 | 天、地、君、亲、师 | 天、地、国、亲、师 |
| 正名 | 君君、臣臣、父父、子子 | 官官、民民、人人、物物 |

我们从上表中可以看出"新伦理"与"旧伦理"相比较而言的四个不同特点：

1. 加强了对政治与社会、公共领域与私人领域的区分，淡化了私人领域的关系，如亲属关系从三纲中被排除，亲友关系也从旧五伦中占四伦而变为只占一伦并居末位。

2. 与此形成对照的是，大幅充实了生态伦理的内容，加强了人与自然的关系及其原则规范的分量。这不仅是适应时代潮流，也是履行对世界的责任，同时也是将中国传统思想中本有的"生生"思想发扬光大，并谋求经济正在大幅崛起的中国的可持续发展之道。

3. 强调行为规范领域内人际关系的趋于平等，尤其是在社会和私人领域的关系。但在信仰体系中，自然仍要保留一种"敬"的因素。

4. 将政治的主轴扭转，不再是下对上负责、臣对君负责；而是上对下负责，治理者对民众负责。"民"甚至可上升为一种普遍价值而成为更广义的原则。但同时也承认现实与可能性，即的确有少数执行者、在这一意义上他们是主治者，是掌握权力者。但任何政治家乃至从事政治的人们，都需要以"民"为根本的"主人"、最后的"主人"。

这一点也可以说是新旧纲常最大的不同，它也反映了正如本文开头所说的百年来由君主到共和的政治体制的最大变化。但"共和"的落实于民主法治其实还"任重而道远"。旧纲常政治上最重要的是"君为臣纲"，虽有民本思想，但将"民"排除在政治参与和实行统治的范围之外。在传统中国缺乏社会政治体制比较的条件下，传统纲常有将"特定政治秩序"固化为"一般政治秩序"的问题，将"君臣"视为不易的纲常，但这后面其实主要是在肯定"一般的政治秩序"，而且，儒家在这一肯定后面是有维护和平、保存生命的道德原则作为其基本价值的，只是我们现在不仅应将这方面的思想继承和发扬，还需进一步引申和发展。

我们从下一章起转入对这些内容的具体阐述。

**注释:**

[1] 参见《日知录》,卷十三"两汉风俗"。
[2] 见《资治通鉴》开首评论。
[3] 《日知录》"正始"。
[4] 同前。
[5] 参见拙文"戊戌变法是否一定失败?",载《生生大德》,北京大学出版社,2011年版。张之洞是政治家,《劝学篇》又是刊布在戊戌变法期间,所以不能不求比较稳妥,但其中已经讲到了许多变通,日后走向君主宪政也是可以预期的。
[6] 载1916年2月15日《青年杂志》1卷6号。
[7] 还有一些为孔子辩护的意见则是认为纲常名教是汉儒所造,或者像谭嗣同所言来自比汉儒更早的"荀学"而与孔子无涉,我在这里同意陈独秀的意见,认为纲常名教的思想是包含在孔子思想中的,而且是其中不可分离的重要部分。
[8] 载1916年11月1日《新青年》2卷3号。
[9] 同前。
[10] 托克维尔著,董果良译:《论美国的民主》下卷,商务印书馆,1988年版,第885页。
[11] 同上书,上卷,第270页。
[12] 托克维尔说他把"民情"这个词理解为"一个民族的整个精神和道德面貌",见托克维尔:《论美国的民主》上卷,第332页。
[13] 参见托克维尔:《论美国的民主》上卷,第12-15页。
[14] 当然,我们是可以说:单纯的少数统治可能是不那么稳定的独立类型,因为它很容易过渡到或是一人统治、或是多数统治那里去。但我们又可以说,无论君主政体还是共和政体,又必然要在其中包含某种少数治理,即君主需要一个官员阶层来辅助他治理国家,而民主也同样需要一个这样的阶层来替它进行日常治理。而这样一个阶层的确也是可以异化为事实上的统治者的。最后我们还可以说,现实中的政府其实经常是混合型的,而不会是完全单纯的一种政体。但我们的确还是可以指出它的基本性质是一人的统治、还是少数或多数的统治。
[15] 孟德斯鸠将传统中国的政体认作是君主专制,的确,它不是法治意

义上的君主制，但它还是受到一些制度和道德观念的制约。另外，中国古代选拔官员（或者说"与君主共治天下的士大夫"）的制度也在世界上独树一帜，达到了很高的社会与统治阶层的垂直流动率。

[16] 以上孟德斯鸠论述见《论法的精神》，商务印书馆，2012年版。

# 第三章 新三纲

顾名思义,"伦理"一定要有"理",要有原则规范的提出和论证。尤其现代社会,更是集中和优先地考虑针对行为、制度和政策的原则规范。所以,我所设想的"新伦理"先从原则规范说起,就用传统的语汇,名之为"新纲常"。其中"纲"主要是指其原则性,"常"主要是指其恒久性。"纲"也是指更根本的原则,而"常"是指最经常和主要的几种关系和德性。旧伦理的"三纲"是"君为臣纲、父为子纲、夫为妻纲",新伦理的"三纲"则是"民为政纲、义为人纲、生为物纲"。

## 一 民为政纲

这里的"政"是指政治领域,包括制度与人。"民"不简单地是指人,而且可以引申为政治这个领域应当尊重的基本价值和服从的首要道德原则,即政治应当以民为本、以民为主。

"民"应当是包括所有人的,即政治原则上应当为所有人服务。但我们知道,政治领域有别于非政治或者说无政府状态的一个基本特点就是，它是一定要有权力和强制的，要有一定的指令和服从关系。所以，我们又可以、也必须在政治领域中区分出"主治者"、"执政者"、政治领导人、官员、掌握权力者和其他不掌握这种权力的人们——即"治理者"之外的所有社会成员，或者说后一种意义上的、狭义的"民"。前者是少数而后者是多数。这种区分至关重要，因为它可以防止在所谓"人民"的幌子下实际上实行少数人的、乃至一个人的"朕即国家"、"人民即朕"的统治。"人民"这个词是很容易被"代表"、被滥用和被盗用的，尤其是在我们近百年传统中有这样的历史。

所以，从这一原则的具体实行来说，就是主治者应当以社会、以其他所有的"民"的利益和意见为依归。这两者的身份自然不是完全固定的，两种人会互相转换，上下交流，"官"会变成"民"，"民"也会变成"官"。政治制度的设计乃至要努力促进和鼓励这两种人之间的上下流动，反对公开的和隐秘的世袭。而且，在一定意义上，在"官"者也还是"民"，他在担任任何职务的同时也还保留"民"的身份。也正是在这一意义上，"民"也就是一个普遍的价值，而不是指特定的一群人或多数人，而是指所有的人，这样，"民为政纲"也可以说是"以人为本"、"人为政纲"，即政治不是为少数权力者服务的，甚至也不是为多数人服务的，而应该是为全民服务的，为这个社会的所有社会成员服务的。所以，这里的"民"就是"全民"的意思，它不是古代中国与"君臣"有别的"庶民"，也不是现代中国在强调"以阶级斗争为纲"的时代里的、与阶级敌人有别的"人民"。谁属于"人民",谁属于"敌人",往往以政治立场亦即政治集团的路线方针来划线,甚至以某个掌握政治权力的个人意志来划线。这样事实上就还是权力至上。"人民"的范畴还是由权力者说了算,而且是变动不居的,尤其是落实到个人的时候,"人民"就成了支持和同意某一派和某一人的同义词,所有反对的人就要被纳入"敌人"的范畴。所以,我们还不如说"全民",或者说"公民"。它们的范畴都是比较明确固定的,也是有法可依的。或者说,当我们说"人民"的时候,也是在"全民"的意义上使用。如果一定要在有所排除的意义上使用,那么也是在与"官员"相对的意义上使用,而且,这种关系也不是对立的、你死我活的关系。对官员重要的是限权,而不是消灭这个阶层。

也就是说,为了防止权力在虚伪幌子下的过分集中和滥用,我们还是要致力于区分日常治理者和非治理者。从历史和现实看,一个社会几乎总是存在着这样两部分人,即总是会有治理者存在,而且他们是属于少数。我们不需要那种浪漫的民主观:似乎全体人民能够每日每时地实行直接的、全面彻底的统治。正如上言,那样反而容易给个别野心家以代表"全体人民"进行极权统治的借口。我们不如老老实实地承认,的确还是会有分立的日常治理的权力,而且,为了正常和有效地履行各项政治功能,也必须要有这种权力。但是,我们要严格监督和限制这种权力。所以,我们就还是要在区分的基础上提出

"民为政纲",这里的"政"既包括政治制度,也包括政治家和各级官员,即他们是必须要以被治理者、以民众为纲的,必须向人民负责。

当然,这种"民为政纲",或者说执政者必须向人民负责,从过往的历史看,有两种主要的适应不同时代的方式,如果以现代回溯的眼光看,或也可说是初级的和高级的形式。初级的形式可以指一种民本思想,即"民为邦本,本固邦宁"[1],主治者要关怀民生、顺应民意。或者用现在的话来说,就是要"执政为民","权为民所用,情为民所系,利为民所谋"(这里也是预设着一个"执政者"与"民"的区分的)。当然,这都还是"初级阶段"。还应当认识到现代社会的大势,进一步缩小"民"与"执政者"的距离,充分意识到"权为民所赋",认识到权力的来源是民众,政治合法性的基础最终是民众的认同,从而走向民主——走向经由法治的民主,走向落实宪政的民主。这样一种根本上的"以民为主",而不仅仅是"为民作主"才是"民为政纲"的高级形式。在这样一种制度下,民众可以充分地行使自己的政治权利,可以更有效地监督和制约执政者,可以和平地选择和更替他们。当然,即便到这一阶段,"民"与"主政者"也不可能完全融合为一,还是会有权力与权威的差别。"民为政纲"也就还是有意义。

民本主义的确还是为民作主而不是由民自己作主。古代的民本主义实际总是有两个方面:一方面是认为要以君主来"为民作主":以聪明的人来"作元后,元后作民父母。""作之君,作之师,惟其克相上帝,宠绥四方。""惟天生民有欲,无主乃乱"。这里君主与民众的关系是互相依存的:民众如果没有君王,就不能维持政治秩序保障生命;君王没有民众,也就不能开辟四方疆土使国繁荣。"后非民罔使;民非后罔事。""众非元后,何戴?后非众,罔与守邦?"另一方面,这君主权力的来源是来自天,"天之历数在尔躬",而这"天命"则主要是看人事,看政绩,看统治者的德行,尤其是对民众的态度,即这"天命"实际上是"天视自我民视,天听自我民听"。"天聪明,自我民聪明。天明畏,自我民明威。""民之所欲,天必从之。"这就是要强调统治者必须"以民为本",关心民瘼,保障民生。这一政治原则是在西周以后就明确地确立了的。

民本主义主要是落实到保障民生和尊重民意。为什么要保障民生?因为这后面有一个生命的原则,而政治秩序的建立首要地就是要保护所有人的生命财产,这是政治秩序的基本功能,是它的合法性的第一根据。为什么要尊重民意?民意有时候会不会是短视的?民众会不会反而不如一些明智的统治者那样更能认清他们的长远利益或根本利益?在古人看来,这是有可能的,统治者需要努力说服他们,甚至先做后说,让民不必"虑始",但可"享成"。但是这样做也是要有限度的,因为总是有"民意"被错认或冒用的危险。为此甚至有的事情有时必须等待,乃至放弃。而必须尊重民意还在于:"民能载舟,亦能覆舟",民众的意愿如果长期得不到合理的满足,他们就可能用暴力的方式来诉求,最后推翻一代王朝。

当然,保障民生和顺从民意这两者其实是可以统一的,如果民意的主要追求就是民生,甚至就是有充分的活动空间可以发展和致富,那么,尊重民意也就意味着政府要努力地去保障民生和发展民生。应该说,这一点历史上的统治阶层倒是基本没有看错,他们并没有想将大众改造成为新人,彻底变革他们的主要价值追求,只是不时也会为了自己膨胀的私利而压制民众的欲望。无论如何,中国古代君主的权力与欲望也还是受到一定限制的,君主也是要"无自广以狭人,匹夫匹妇,不获自尽,民主罔与成厥功"。也就是说,即便是再低下的平民,如果他们不能普遍地实现自己生存和发展的基本愿望,无论哪一种民主——无论是"民之主"还是"民作主"——就都不能算成功。

所以说,即便是古代的民本主义,也还是一种"民为政纲",但它是一种古代的"民为政纲",而不是现代的"民为政纲",即从现代世界的潮流来看,它已经是一种过时的"民为政纲",而不是适时的"民为政纲"。我宁可说从民本主义到民主主义是一件适应时代的事情,虽然从其客观的趋势回观,也可以说是进步。但是,也无法排除这样一种可能:即在未来突然遇到大的灾难和变故,人类又回到一个时期的权威治国的民本主义。如此观察是防止我们完全否定过去,将传统的政治就简单视作是反动与黑暗。

民主主义的确不是中华文化本有的思想,但孟子说过"民贵君轻",只是当时还找不到通过选举和平地更迭统治者的办法，所以，他只是说"民能载舟，亦能覆舟"，老百姓对执政者的态度是"抚我则后（王），虐我则仇"，然而，这"仇恨"与"覆舟"损害人们生命财产的代价可能是太高了，而今天的人们则找到了一种新的、更为主动的、不必流血和破坏的有效制约权力与和平更换统治者的办法，这就是民主。而且，它也的确是具有普遍平等地看待所有人，让所有人不仅在政治入仕，也在政治参与上都享有同样的机会，所有人都拥有自己的某种政治发言权和自主权的道德意义。在这个意义上，民主也就是今天的政治伦理，就是今天的正义。因为它不仅可以将一向就有的生命的价值包括在内，还可以将新的平等自由的价值包括进去。

从与过去的联系看，民主主义也可以说还是一种民本主义，还是以民为本，但现在"主权在民"了。人民不仅是基础，也是主人。下面我们可以不在过往政治意识形态的意义上使用"人民"，而在现代"国民"或"全民"的意义上使用"人民"，即恢复"人民"一词的本来应有之义。

但人民如何掌权？人们是否满足于笼统和虚幻的所谓"当家做主"、"领导阶级"，而实际上还是承受一个政治派别乃至一个政治领袖的统治？在一个现代国家，尤其是一个大国，实际不可能所有民众都同等地参与日常治理。所以人民必须授权一些人进行日常的治理，这样才能使一个国家像一个国家，才能用有效的、强大的国家能力来保护本国国民不受外敌和内乱的伤害，并有效地保障社会和经济的秩序，包括救助弱势的工作。而要使国家有强大的国家能力，是需要一个训练有素的日常治理者队伍的，他们在他们职权所规定的范围和期限内可以合法地行使这些权力。在制度所规定的期限和范围内，必须存在有某种权威、纪律和职位服从。

但权力是很容易被掌权者滥用的。无论民本主义还是民主主义，实际都要限权。从道德的角度看。限权永远是有政治权力以来的头等大事。这方面仅仅靠道德观念来驯化权力是不够的，还必须依靠其他方面的同样硬梆梆的权力，而这种权力归根结底是人们投票选择领导人的权力，故而传统的限权还是相对薄弱的，民主的限权则是强有力的。我这里所指的"民主"是经由法治和落实法治，最后达到进行真正普选的民主。人民应当是权力的最终主人，权力必须根本上是由人民来赋予。如果没有这样的选举，"权为民所赋"就还只是观念上的，仅仅去设想我们的权力是人民给予的和通过实际的程序真正地授权还是会很不一样的。而且，这种"权为民所赋"绝非一次性的、一劳永逸的，而是要经过多次授权，这就必须通过定期的选举，因为掌权者的性质和人民的意愿都可能会发生变化，甚至即便他们不发生变化，一种方针政策执行久了也可能发生严重的流弊而需要新的领导人才可能进行调整。于是，这样的授权同时也就是限权，是最根本的限权。其他的限权还包括日常治理权力的分立和互相制衡，以及由一个民主社会所应保障的言论、新闻自由，民间组织、社会运动等方面的监督。

民主还将为政府的合法性提供今天的人们能够接受的最稳

定基础。这里所说的合法性的核心其实是人们所接受和认同的统治者的合乎道德、合乎正义的性质，故此他们才愿意心悦诚服地接受这一统治或支持这一政府。历史上的国家政府有过种种不同的合法性基础，例如传统的、惯例的；政治领袖个人魅力或者德性的；胜任地履行了保障人民安全财产等政府功能或者政绩的等。现代中国也经历了许诺一个未来美好社会的政治意识形态加克里斯玛似领袖的，通过政绩尤其是经济方面的成就来建构合法性信念的历程，尤其是近三十年，中国经济的飞速发展和人民生活水平的大幅提高，其速率是以前任何一个时代都没有过的。但是，社会的改善则不仅必须依赖不断的经济发展和财富的增加，其间还有各方所理解不同的"公平分配"的问题，而更重要的是，获得了温饱乃至开始富裕起来的人们有了更高的不仅是经济的，还有政治的期望值。他们希望真正感到自己是国家的主人，是权力的有效监督者和授权者。

但是，怎样达到这种民主呢？民主不可能是一蹴而就的。民主需要观念和组织的训练，需要公民社会的成长。而尤其对于一个像中国这样几千年来崇尚权力、又是从近百年的革命动荡转型过来的国家来说，最需要的可能还是强调和落实法治——即法律的统治而非个人的统治。法治本身也是一种限权。法律的统治，是对所有有权力者，包括最高权力者的限制，而且是对权力的最有力也是最广泛、最日常的限制。法治也意味着在法律面前，无论权大权小、甚至不担任任何职务者，也无论贫富智愚，都一律在法律面前平等，都有法律规定的基本权利与自由。所以我们需要走向和达到的民主是经由法治的民主,也是落实法治的民主。而只有在法治民主的条件下,也才会有真正的平等和自由。古罗马的西塞罗说:"为了能得到自由,我们只有做法律的奴仆。"这是指我们所有人,尤其是指执政者,又尤其是最高权力者要做法律的奴仆。如果说"公仆"其实并不那么明确的话,"公意"甚至"公众"也可能随意解释的话,不如让他们做明确的"法律的仆人"。而近代洛克也明确地说:"没有法律的地方便没有自由。"民主法治制度下的自由和平等其实是一回事,政治领域内的自由就意味着平等,而平等也意味着自由。

政治应当以"民"为纲,其实也就是应当以"义"或"正义"为纲。中国古人所讲的"义"在生命的权利方面是平等的、是饱满的,但在政治甚至法律的领域还不是完全平等的,今人所讲的"义"则是一种自由自律、平等独立之义。在超出一般水平的权钱名的领域里或还容有受限的差别,在基本权利的领域里则不容有差别。所有人在法律面前完全平等,也享有同等的政治参与权利,他们也都应当履行与自己权利相称的义务。此外,除了公民的义务,人还应当承担起一种自然义务和职业伦理。政治的责任伦理也可以说是一种职业伦理,但因为其涉的领域特别重要,和所有人相关,故需要拿出来在此单独另说。

## 二　义为人纲

以上所说的"民为政纲"说的其实是政治领域的人们作为政治人的义务,首先是制度本身的正义,也包括主要是政治家、官员、公务人员的责任伦理。这种政治正义自然是可以包含在广义的人的义务中。所以,我们还需更广泛地提出既包含上述特定责任性义务的政治伦理,也包含所有人普遍平等义务的全面义务体系。特殊责任因职务而起,而普遍义务却因人本身而生。且如果从人本身、从作为社会成员的人来看义务,还有另外的一些特点,有值得专门提出和阐述的一面。

古人多用"宜"来解释"义"字,如《释名》:"义者,宜也。制裁事物使合宜也。"义主要指道德上的"合宜"或"适当"。[2]"义为人纲"意味着所有人都应遵循基本的道义,所有人都应以"义"为基本的行为纲领。这并不是说人与人之间没有差别或不应有任何差别,而是说在一些基本的行为规范上对所有人都应一视同仁的关照和要求。如果说这义务的根源也来自某种差别,这里的差别不是在人与人之间,而是在人与其他动物之间,所以,古人尤其是孟子讲"人禽之别"就在仁义道德,人如果没有仁心义行,"则与禽兽奚择哉?"人与动物其实也有很接近的地方,"人之所以异于禽兽者几希",而这似乎微小却十分重要的区别就是人有道德义,义务心。"义"来自人的共同性,也是人区别于动物的共性。在孟子看来,如果说人的口味,乃至对声音、颜色都有同好的地方,那么,怎么

"心"就没有共同的地方呢,而这共同的地方就是"义理"。人们相同的地方,也是和动物不同的地方,就在于人能够认识到这"义理",人也皆有道德意义上的"恻隐之心"。人们不能皆以"利"为交往之道,而是要以"义"为交往之道。或者说,所有的社会交往都必须符合道义,受"义"的约束。如果"君臣、父子、兄弟终去仁义",而只是"怀利以相接",社会就会消亡。如果"仁义充塞,则率兽食人,人将相食。吾为此惧"。"义"可以说是人区别于动物的、人之为人应有的基本特征,是人类社会的基本纲维。

近代西方从康德到罗尔斯,也是讲人的特点正是有理性和正义感的存在,有理性可以做自己人生的规划,有正义则可做社会共存的安排,正义也就是政府的义务,而所有人也都要承担自己的个人义务。由于在上节中我们已经讨论了制度伦理,本节我们将集中讨论适用于所有人的义务。这种对个人的义务,在传统中国社会实际是不完全平等的,但这种不平等,按道德要求来说,是一种适应于传统等级社会的"倒平等",即对进入统治阶层的士大夫有比民众更高的道德要求。于是,传统的伦理体系本身就有两分的特点,其道德的核心是一种高蹈的道德,精英的道德,向圣贤看齐的、以人格德性为重点的道德;而民众的道德其实只是一种道德的外围,是在它影响之下的道德风俗。但适应现代社会的伦理,则是面向所有人的,是一种平等的、基本的、一般正派人的、以义务规范为重点的道德。这种义务规范是平等地、也是普遍地要求所有人及其群体和机构的。至于这种义务规范的内容,在要求所有人的意义上也是比较基本的,一些不同或者更高的道德义务要求则与不同的"职责"有关,而这些要求也不是在人格上要求高尚和圣洁。下面我们就来谈到现代社会所要求的义务的内容。

康德提出了完全的义务和不完全的义务。严格的、完全的义务对自己来说就是无论如何不可自杀、要保存自己的生命。对他人的完全义务则是在任何情况下都必须信守自己的诺言,即不可说谎。对自己的进一步的、不完全的义务则是指训练和发展自己的才能与天赋,对他人来说则是在有能力的情况下能为他人扶危解困。康德认为对于完全的义务来说,其反命题如自戕、说谎,是不可能普遍化的。假设要使之普遍化,则将陷入自相矛盾,取消自身。这样,人们就不能把它的准则当作普遍规律,更不能够愿意它应该这样。对于不完全的义务来说,虽然找不到这种内在的不可能性,但是仍然不能够愿意把它的准则提升为普遍规律。因为这种意愿是自相矛盾的。也就是说,义务规范要接受绝对命令的检验,接受是否能普遍化的检验。这可以视作是对道德原则规范的一种形式论证。

以上是康德后来在《道德形而上学基础》一书中的论证,在后来的《道德形而上学》中,康德也是从对自身的义务总论与对他人的道德义务两方面展开的。他提到人对自身作为动物的义务,即不自我戕害、自我玷污和自我陶醉,还有人对自身作为道德存在的责任,即不可说谎、不要吝啬和阿谀。在对他人的道德义务方面,他提到行善、感恩、尊重等等。

罗斯在他的《正当与善》中提出了一种多元论的规则义务论理论。其中最有意义的是"显见义务"的理论。"显见义务"（Prima facie duty）一词来自拉丁语，意指一见自明、不证自明的义务，而这类义务不是单一的，不是只有一种，而是有多种这样的显见义务。他并且指出了六种这样的显见义务：

1. 守诺与偿还。这些义务是建立在我自己先前发生过的行为上的。

2. 报恩。这类义务是建立在他人以前为我做的事情上的。

3. 公正。以上两种义务都是涉及比较特殊的个体的过去，在一种人我关系中展开。而公正则开始跳出了人我关系，以一种比较普遍的观点观察。维护与捍卫一种各自所应得的权利和义务分配。

4. 与人为善、对人行善，使别人在美德、智力和快乐方面的状况变得更好。

5. 自我完善。即使我们自己在美德或智力方面更为完善。

6. 不伤害他人。这是唯一以否定形式表述的义务。罗斯虽然最后才提到它，但他指出，这一不伤害他人的义务实际上是第一位的义务。不行恶的义务应当更优先于积极的与人为善的义务。

罗尔斯在他的《正义论》中将个人义务分为两个方面：一方面是和社会政治制度有关的职责，例如遵守职业的伦理，做到公平处事和忠于职守等；另一方面是与社会政治制度无关的、即不管在任何社会制度下作为人都应该履行的自然义务，其中又分为肯定性的义务如坚持正义、相互尊重和援助等；和否定性的义务如不伤人、不损害无辜者等。

最近一些年，德国的孔汉思等提出了一种"世界伦理"（Weltethos，中英文也译为"全球伦理"）的主张。世界伦理的两条基本原则是，一条是以肯定形式阐述的："每个人都应当得到人性或者人道的对待"，另一条是以否定形式阐述的："己所不欲，勿施于人"。而四条主要的行为规范则是："不可杀人、不可偷窃、不可说谎、不可奸淫。"他认为这是一种最低限度的伦理，但也正是因此是不可或缺或不可取消的。这些原则规范也是各宗教、各文明已经具有的共同之处。

综合上述看法，我觉得可以提出一种作为完全义务的、涉及对待他人的、以否定性陈述为主的、自然的和显明的义务体系，来作为所有人都应该遵循的最基本的义务体系。这一体系最接近孔汉思的思路和提法，但在内容的表述上稍稍作了一些修改和变动。

这一义务体系的四条主要规范是：一、不可杀害，即不可杀戮和戕害人的身体和生命。不仅不能杀人，也不能伤害人。当然，这也不仅是一般个人的义务，更是群体、民族、国家领导者的义务。个人不能谋杀和侵害他人，群体更不能够制造大规模的流血冲突或引发战争而造成大规模的生命损失。二、不可盗劫，这是对财物而言。"盗"或"窃"是隐蔽的、个人的；"劫"则是指公开的，尤其指那种代表所谓群体、国家的无端剥夺、没收、侵占和贪腐。三、不可欺诈。这也是同样使用于个人与群体的。不仅个人要努力消除各种损害他人利益的欺诈，还包括政府、国家的有意说谎和隐瞒政治事实的真相，有意地误导人们。我们不笼统地说"不可说谎"，这里说"不可欺诈"是排除了那些幽默、无伤大雅、甚至善意的"谎言"的。四、不可性侵。说"不可奸淫"意思可能太强，将"私通"等也包括在内，容易造成误解，这里加上"侵"字，是指那些直接或间接违反对方意志的行为，并除了直接的强暴，还包括家庭暴力、性骚扰、对未成年人的诱奸等，也不仅限于对女性。将这一条单独提出来作为主要规范，不仅是对传统戒律的尊重，也不仅因为这是一种特殊性质的行为，还因为要对弱势者提供一种特别的保护。所以它可引申到保护一切弱者的平安。

以上四条主要规范原则上是同样适用于个人与政府的，政府负有保护所有社会成员不受这些侵犯的责任，尤其掌握权力者更不能成为侵犯者。尤其要要求在政府和群体，但政府与群体又是要落实到个人的。而越是有权力者就越应当承当更大的义务。这四条规范也是可以从正面阐述的。比如，第一条，不可杀害的正面意思是，非暴力，尊重生命，乃至于扶危解困。第二条，不可盗劫的正面意思是尊重产权与分配公正，包括偿还与报恩。第三条，不可欺诈的正面意思是诚信与忠实。第四条，不可性侵的正面意思是男女平等乃至于关爱弱者。它们虽然有正面的意思，但是以否定的禁令形式出现可以说更为鲜明，也更为有力。

总之，如果说政治权力的领域还是会有差别，不会完全平等，故而作为政治人之间的关系还不是一种完全平等的关系，而还是一种有差别对待的关系——但如果有公平的流动与参与机制，又可以说仍是政治机会和参与平等的，而对政治家的必须以"民"为纲的要求，也是在落实一种平等。故此政治家应承认自己的权力是来自民众，并承担更大的义务和责任。而谈到所有人，社会的所有成员所应承担的义务，则是普遍的、平等的、不分彼此的、没有谁为主为次的。平等的主体是人，平等的对象也是人。也就是说，"义"的基本要求就是要平等对待，至少在某些基本的方面平等对待。所谓"忠恕"、"金规"，其本义也都是要将自己与他人平等看待。由此就引申出"人其人"、以及"不可杀害、不可盗劫、不可欺诈、不可性侵"等基本禁令来。[3]

## 三 生为物纲

"生为物纲"意味着支配着这一世界万事万物的基本道德原则，可以说就是"生存"或者说"共存"。《周易》说，"生生之谓易"，"天地之大德曰生"，老子说"道法自然"，对这一原则的精神都有相当透彻的理解和体悟，古代也有"数罟不入洿池"，"斧斤以时入山林"等行为规范。今天的世界在近半个多世纪在生态伦理方面更有丰富的思想发展和实践尝试，而无论古今，涉及万物的主旨或总纲都可以说是"共生共存"。[4]

《周易》中对"天地之大德曰生"有丰满的论述：

> 大哉乾元，万物资始，乃统天。云行雨施，品物流形。……首出庶物，万国咸宁。（乾卦彖）
>
> 至哉坤元，万物资生，乃顺承天。坤厚载物，德合无疆，含弘光大，品物咸亨。（坤卦彖）
>
> 天地感而万物化生，圣人感人心，而天下和平，观其所感而天地万物之情可见矣。（咸卦彖）
>
> 有天地，然后万物生焉，盈天地之间者唯万物，故受之以屯。（序卦）
>
> 范围天地之化而不过，曲成万物而不遗，通乎昼夜之道而知，故神无方而易无体。一阴一阳之谓道。继之者善也，成之者性也。（系辞上）
>
> 生生之谓易，……夫乾，其静也专，其动也直，是以大生焉。夫坤，其静也翕，其动也辟，是以广生焉。（系辞上）
>
> 天地之大德曰生。（系辞下）

后来的儒家对此也有进一步的解释。如宋儒程颢说："天地之大德曰生。天地絪缊，万物化醇。生之谓性。万物之生意最可观，此元者善之长也，斯所谓仁也。人与天地一物也。"又《二程集》"遗书卷二上"阐释"天只是以生为道"说：

"'生生之谓易',是天之所以为道也。天只是以生为道,继此生理者即是善也。……人在天地之间,与万物同流,天几时分别出是人是物?……'成性存存,道义之门',亦是万物各有成性存存,亦是生生不已之意。天只是以生为道。"

万物以生为纲,不仅人要生存,其他的动物、植物也要生存,而那没有生命的物体,直到整个的地球、整个的自然界,也不仅是作为人类和其他生物的家园而存在,它们自身也有独立的存在意义。所以,人今天虽然借助科技和经济的发展,成为地球上最有实力的生命物种,但是,作为有理性和有道德的存在,他也必须顾及和维护其他物种和物体的存在。也就是说,从"生为物纲"的原则,必然要引申出一系列的行为规范。这里所说的"行为规范"是指人们对自然界除人以外的其他生命及整个自然界能做些什么和不能做些什么,指在人对待非人类的生命和存在物的行为上有哪些道德约束和限制。它可以包括两个方面:一是约束集体、团体、企业、公司、民族、国家的行为的,其中有比较软性的宣言、呼吁、声明等,也有比较硬性的如各种保护环境的公约、条例、法规等;二是约束个人行为的规范,有的纳入了对违反者将给予惩罚的法律:如对捕猎某些野生动物的禁止,还有的则主要是对一种绿色生活方式的提倡。

古代儒家所主张的生态伦理行为规范可以简略地归纳为主要是一种"时禁"。《礼记》"祭义"记载说:曾子曰:"树木以时伐焉,禽兽以时杀焉。"夫子曰:"断一树,杀一兽不以其时,非孝也。"又《大戴礼记》"卫将军文子"亦记载孔子说:"开蛰不杀当天道也,方长不折则恕也,恕当仁也。"我们可以注意这些话对时令的强调,以及将对待动植物的惜生,不随意杀生的"时禁"与儒家主要道德理念孝、恕、仁、天道紧密联系起来的趋向,这意味着对自然的态度与对人的态度不可分离,广泛地惜生与爱人悯人一样同为儒家思想题中应有之义。这些禁令的对象(或者说保护其存在的对象)不仅包括动物、植物,也包括非生命的木石、山川。这些禁令不仅是对下的,更是对上的,不仅是对民众而言的,更是对君王、政府而言的,甚至可以说,更主要地是约束君主与政府。古人甚至提出了对君主的严重警告:如果他们做出了诸如坏巢破卵、大兴土木这样一些事情,几种假想的、代表各界的象征天下和平的吉祥动物(凤凰、蛟龙、麒麟、神龟)就不会出来,甚至各种自然灾害将频繁发生,生态的危机也将带来政治的危机。

现代社会,尤其是最近数十年来的现代世界,生态文明和环境伦理的精神、理论有了长足的发展,对社会与个人也提出了进一步的道德要求。新的生态伦理所采取的视角和立场也不限于以人类为中心,也包括以所有物种、生命或整个生态为中心。它把道德关怀和调节的范围从人与人的关系扩大到了人与动植物、人与大自然的关系。而且,这种扩大虽然看似仅仅是道德调节范围的扩大,是一种量的扩充,其实它也带来了伦理性质的改变,引出了"道德顾客"、"道德代理人"、"道德地位"等传统伦理学中没有的新颖概念。它所提出的行为规范也越来越全面和具体,例如不污染空气、大地、河流与海洋;不轻易改变地貌、地层和生物结构;保护森林、湿地乃至荒野;保护动物尤其是大力挽救濒危动物;绝不虐待动物乃至提倡素食主义等等。

## 四 新三纲总说

以上"新三纲"可以说是既基于人的共同性又基于人的差异性的。它有一种人性论的根据。一个人有多种身份,比如小时候是儿女,大了是夫或妻、父或母,他可能还是某个职业或党派的人。人们的性格、气质也有各种差异,但人除了有各种个性的差异,除了有"普遍的特殊"或"普遍的差异"、"普遍的个性"之外,也还有"普遍的共性",亦即人都是人,这时自然就不是拿人和人比较,而是拿人和其他动物比较了。人和其他动物相比,他拥有意识和理性,能够形成自己"好"的观念和基本的正义感,能有自己的生活计划且能有理性发明工具手段来实现这一计划。所以说,"新三纲"最重要的依据是所有人之同和人与动物之别,而这种同别其实是一回事。在这一意义上,"新三纲"其实又是可以总括地说都是"义为人纲"的,即"民为政纲"其实就是说人在政治领域内的义务,尤其是专业政治人的义务;而"生为物纲"其实就是说人对非人类的自然物的义务。但为什么我们不笼统地只说"义为人纲"

呢，因为我们还须注意到人的内部差别，尤其是至关重要的在政治上的差别，于是有"民为政纲"；我们除了注意人禽之别，又还须注意人禽之同，即都是生命，都是存在。所以人还需主动负起对其他自然物的责任。"新三纲"是同时基于人的共性和个性的。

传统社会的"三纲"自然后面也是强调人禽之别，强调在这种差别中显示出来的所有人的共性，此正如孟子所言，正是因为人不同于"禽"，所以人必须有"义"。但"旧三纲"的内容是比较直接地强调人作为人的几种特殊身份的：即人为夫或妻，为父或母，为君或臣的身份。而现在我们考虑的"新三纲"则试图尽量寻求几种最重要、也是最普遍的人的身份：那就是人作为自然物、作为动物同时又是作为有意识的动物的身份或属性；人作为社会人的身份或属性；人作为政治人乃至专门政治家的身份或属性。那么，我们现在看到，唯独最后一种专业政治家的属性不是所有人都具有的属性或身份，却为什么要在"民为政纲"中予以纳入和强调呢？

我们说，的确，"民为政纲"是同时基于人的官民之别和政治人之同的，但除了所有社会成员都具有的公民身份之外，我们还特别要对官员或政治家提出道德要求。我们唯独挑出政治这一个领域和政治家这一种职业来形成"民为政纲"，第一是因为政治涉及社会的基本构成，政治关系到每一个人，在很大程度上影响着每一个人的生活前景；二是因为限制政治权力的任务极其重要，尤其是考虑到中国数千年来"官本位"的历史遗产和现实问题更是如此。

"义为人纲"主要是基于人禽之别和社会人之同的。动物无理性和意识,不受义务的约束。但有理性和意识的人都要受义务的约束。而"生为物纲"则是同时基于人禽之同和人禽之异的,人和其他动物都是物,必须在基本生存和共存的基础上平等;但人和其他动物又不平等,即必然在道德能力和生活能力上不平等,所以人要承担道德主体的角色,即由人来努力保障这种平等。这有点类似传统等级社会中,统治阶层要更多地承担道德责任主体的角色。但在人和动物之间,还不是道德责任多少的问题,而是人应该完全承担道德主体的责任。人类社会中没有"超人",但自然界有"超物",人类其实就是"超物"。人应当将自己绝大的"超物"能力用于尽力保障所有物种的共存。

从道德或者说义务的角度看,"民为政纲"主要是讲人作为政治人的义务;"义为人纲"主要是讲人作为社会人的义务;而"生为物纲"主要是讲人作为自然人的义务。这些义务是普遍的,平等的。它们对所有人一视同仁。"民为政纲"是平等地要求所有政治人及其他们所创设的制度的,它对专门政治家提出的特殊要求,其实也是平等的,因为那实际是对更高权力提出的要求,谁进入这一权力职位就要接受这一要求,谁退出也就没有了这种特殊要求。"义为人纲"自然也是平等地要求所有作为社会成员的人的;而"生为物纲"则是平等地要求所有作为自然人的人。作为道德义务的原则,这"三纲"似乎不直接讲"权利",但是,当强调政治制度和政治家要向"民"负责,受"民"约束,其实也就是肯定所有"民"的"权利"了。当强调所有社会人都要履行平等的义务,其实也就是认可所有人的平等"权利"了。而当强调人类对其他存在物的特殊道德责任时,实际也就是认可动物和其他自然物的"权利"了。

于是,可以说在所有人之上,都悬有这三个支配性的道德原则,在这个意义上甚至可以拟人地说,这些原则是这些领域的"主人"。"民"的原则是指所有政治制度和政治人——尤其是政治家都必须对"民"负责;"义"的原则是指所有社会成员在人际关系和交往中都必须服从"义"的原则;"生"的原则稍稍特殊,它是应用于所有存在物的,即所有存在物都是它的调节对象,都有"生存"或"存在"的权利,但由于除人之外的其他存在物没有意识和理性,乃至一些存在物没有行动和感知能力,所以它只是要求具有意识和理性,在今天发达科技的条件下也具有巨大行动能力的人类来承担对所有存在物的道德责任,成为唯一的道德主体,也就是成为地球上所有存在物的"道德代理人"(moral agent)。

总之,如果说"民为政纲"是政治领域的道德原则,"义为人纲"是更大范围的社会领域的道德原则,"生为物纲"则是最大范围内的、有关自然宇宙万事的道德原则了。前面所说的"政"、"人",都是既指领域、应用对象,又指主体、要求对象。而在"物"的领域则有所不同,即这里作为应用对象的"物"是指所有的物、所有的存在;而作为要求对象或主体的"物"则是专指人了。人也是高级动物之"物",是自然万物之"物",但和其他的动物和存在不同的是,只有他有意识和理性,他就必须还要担当某种道德代理人的角色。亦即只有"人"这一"万物的灵长"来担任这方面道德义务的主体,来照管所有的"物"。人是"万物之灵",但不是"万物之主"。人今天恰恰是要运用自己的"灵性"来摆正自己在自然界的位置,处理好自己与自然界的关系,善待自然、善待非人类存在物,这样,他才真正配得上"万物之灵"的称号。

---

**注释:**

[1] 首见于《尚书》"五子之歌"。
[2] 详请参见拙著《良心论》第五章"敬义"第一节"义"字的诠释,北京大学出版社,2009年版。
[3] "义为人纲"的详述还可参见拙著《良心论》,北京大学出版社,2010年版,尤其是第五章"敬义"。
[4] "生为物纲"的详述可参见我主编的《生态伦理——精神资源与哲学基础》,河北大学出版社,2002年版。本书也吸收了其中的一些内容。

# 第四章 新五常

"新五常"分为两个部分,一是"五常伦",即五种经常性的需要人来处理的社会关系;一是"五常德",即人应当具有的五种持久性德性。

## 一 五常伦

古人所认为的"五常伦"是君臣、父子、夫妻、兄弟和朋友五种人际关系,这是从古代社会抽绎出来的五种重要关系,而今天中国的社会状况和外界条件已经发生了巨变,从现代社会伦理的观点看,我认为可以分出这样五种关系:

1. 天人关系:即人与自然界的关系。

2. 族群关系:即人们作为群体的各种相互关系,在国与国之间主要是民族国家之间的关系、在一国之内主要是各个民族族群的关系,当然,还会有比如说不同地区、团体之间的关系等等。

3. 群己关系:这里是指个人与群体的关系,尤其是在一个政治社会之内，人与社会制度、人与国家政府之间的关系。

4. 人我关系：这里主要指人与具体的他人的关系，尤其是在现代社会与众多的陌生人之间的关系。

5. 亲友关系：这是指在父子、夫妻、兄弟以及其他亲戚之间的关系，也包括朋友之间的关系。

而对于这样五种关系的道德要求或者说道德期望，我认为或可这样概括：天人和、族群宁、群己公、人我正、亲友睦。

## （一）天人和

人与自然界的关系应当是和谐的、共存的，而不应当是战胜与被战胜、征服与被征服的那种关系，甚至也不能完全是利用与被利用的关系。"天人和"在此主要的还不是指那种个人的"天人合一"的精神境界，虽然这种境界是我们对待自然的宝贵的精神资源之一。作为关系处理的原则规范的"天人和"，这里所指的是一种人类应将自己与自然界的关系视作是一种不可分离的统一体的关系去看待和对待而力求和解与和谐。

而且，自然界是可以没有人而存在的，人却不能离开自然界而存在，故人必须主动去求"和"求"合"，努力去维"和"维"合"。不会天来就人，而是人必须去就天。这样，人与自然界的合理关系就不是人去征服和战胜自然界，而是要亲近和善待自然，如此才能维持一种"可持续发展"。倘若人一味掠夺和恶待自然，则必然要遭到自然界的惩罚，乃至最终被离弃。

在中国古先贤那里，也多有天人和合的思想。如王阳明说"天地圣人皆是一个，如何二得？"[1] "良知之在人心，无间于圣愚，天下古今之所同也。世之君子，惟务致其良知，则自能公是非，同好恶，视人犹己，视国犹家，而以天地万物为一体。"[2] 阳明又言：

> 大人者，以天地万物为一体者也。……是故见孺子之入井而必有怵惕恻隐之心焉，是其仁之与孺子而为一体也。孺子犹同类者也，见鸟兽之哀鸣觳觫，而必有不忍之心焉，是其仁之与鸟兽而为一体也。鸟兽犹有知觉者也，见草木之摧折而必有怜悯之心焉，是其仁之与草木而为一体也。草木犹有生意者也，见瓦石之毁坏而必有顾惜之心焉，是其仁之与瓦石而为一体也。[3]

古人以农耕谋生为主，与自然界天然地有一种较密切的关系。现代科技极大地提高了社会生产力，但也疏远了人与自然的关系，尤其是在现代化的早期，更多有掠夺和榨取自然之举，给自然界带来许多污染和损害。今人应当努力提倡一种保护生态的生产方式和生活方式，使自己努力融入自然，就作为自然之子生活在自然之中，而不是以自然的征服者自居而高踞于自然之上。

## （二）族群宁

进入新世纪以来，阶级斗争的意识形态退潮，民族冲突的危险却有所上升。而在各个族群、尤其是民族国家之间，的确也有必须正视的差异存在。其中有两种最为重要的差异：一是宗教的或信仰的差异，这是最高和根本追求的差异，或者说"高端的差异"；二是民族或种族在生理体质、性格气质、行为习惯等方面的差异，这或可说是"底部的差异"，是属于这个群体的个人与生俱来的、在相当程度上已经被积淀和决定了的差异。而国家还容易加强和巩固这所有的差异，并将族群的差异扩大为实力的对抗和武力的冲突。而多民族的国家自身又包含着族群差异，这些差异也同样可能带来冲突乃至分离。最近数十年，造成最大规模流血的，主要就是来自这些国家内部和外部的族群冲突。

所以，保持族群之间的和平与安宁应该是最紧迫的头等大事。首先是不同民族国家之间要求和平与安宁，要努力谋求互相之间不诉诸武力，不发生战争，乃至能够合作共赢；其次也要谋求在一国之内的族群安宁以致更高水平的和谐，乃至使之能够相互携手、精诚团结。

首先谈谈国际关系的伦理。由于现在并没有，也许未来也不太可能有，甚至不应该有一个全球的统一的国家或政府。所以，处在某种"无政府状态"的国际关系领域似乎是一个最不适合谈伦理而只讲实力的领域，但同时它的确又是一个最有必要讲伦理的领域,因为国家的冲突最为危险,伤害最大。不过,这种国与国之间的伦理的确不会像对一个国家的内部社会的要求那么高,更不会是那种个人的可以高至无限的自我道德期许。它的确只能是一种最基本的、最底线的道德要求,但也绝不可以没有这种道德要求而任由实力去决定一切。我们可以从三个层面来考虑这些要求:第一是在行为规范层面,比如说能真正落实和遵守互相尊重主权和领土完整、互不侵犯、互不干涉内政、平等互利、和平共处的五项原则。第二是在动机意图层面,在这一层面应当主张一种至少是"顾及"的原则,即国与国之间,你活也让别人活,在这方面大国责任更重。期望强国和弱国、大国和小国都有在世界上的平等的话语权和影响力实际是不可能的。但是责任应该和实力呈正比,大国、强国在这方面责任应当更重。第三则是在根本价值层面,也就是生命共存原则。在这一生死存亡的底线层面上,所有国家、所有民族的确应当一律平等,即在生存权上一律平等。一个国家的富强,不能威胁到其他国家的生存。在本国富强的理念之上,还有整个人类和所有国家的生存和安全。所以,虽然任何一个国家都可以追求自己的国家利益,但不是什么时候都能最大化、唯一化,更不能因此而不择手段,走向战争。

国内的族群关系也是如此,最重要的是保证和平与安宁。而且,应该说在一个国家的内部,争取这一目标具有更好的条件和动力。不过,国内族群之间的差异也是同样值得正视的。试图完全消除和泯灭族群之间的差异是不可能做到的。与国际社会一样，国内的社会也会是一个充满差异和多样性的社会。我们必须立足事实，正视民族之间的差异，通过寻求核心为平等的系列规范性正义，来达致各民族和平共存、共同发展的目标。在这方面，不仅要注意到族群之间经济、物质生活的差异是重要的，而且要注意到族群之间价值观念和信仰之间的差异也是重要的。故此，不仅要提升弱势族群的经济能力和生活水平，也要保障他们的信仰自由和合法宗教活动。

总之，我们生活的世界是一个充满差异甚至突出差异的世界，我们的经济日益全球化，经济和物质生活日益趋同，但我们的价值观念、精神生活却有不断分离之势。而为了共同的生存和发展，我们就有必要寻求一种道德共识。这种共识恰恰也就是如何对待文化差别和民族差异的根本态度的共识，就是如何与他族或他国和平共处的基本共识。这种共识的核心是一种生命原则，是一种对生存平等的共识，从否定的方面来说，就是不杀戮、不抢掠等。只有这样的共识才有可能为各种在价值和信仰追求方面迥异的文明、文化所认同，因为它们实际已经包含在各种文化的核心规范之内，自身也具有一种客观的可普遍化的逻辑根据。

## （三）群己公

上面所言是人们中群体与群体的关系，但是，还有一种群体与个人的关系,尤其是个人与社会、个人与政府之间的关系值得特别重视。近代以来强调人们个性的发展,个人从各种组织中分离,个人凸显,与各种群体,尤其是国家构成一种既是作为其基本的单位,又与其形成某种对称甚至对屹的关系。而如果我们注意到"个人"并不是指某一个或少数自我,而实际是指所有人且强调其中每一个人的独立性,那么,我们甚至可以说,所有群体,包括国家的目标、功能与利益最后都要体现到个人,落实于个人。但个人的确又不能不结成群体和社会生活,今天尤其不能没有国家而单独存在,这样,就有必要在国家与个人之间,或者说,在权力(power)与权利(rights)之间,在政府权威和个人自由之间划定一个恰当的、公平的界限。

上世纪初严复将密尔的《论自由》译为《群己权界论》,并认为只有明确己与群之权界,自由之说方能用。而自由又关涉到人的独立自主:行为只有是行为者自主地做出的,才谈得上善恶和道德责任。人必须要有自由,但自由也易流为放诞、恣肆、无忌惮。一个人如独居世外,或可自由放任。但是在人群、社会中,如果大家都无限制地追求自己的自由,则会成一个强权世界,实际谁都不会再有自由。[4] 严复此说是有道理的。我们愈是重视自由,也就愈需要理清群己关系及其界限。古人往往从自身责任的角度来看待和保障其他人和社群的自由,但仅仅强调自身的道德,容易流于最后个人自由得不到有效保障的状态。所以,自由的伦理应当是双面的:每一个人为了享有自由都需要尽自己的公民义务，而政府也有责任保障所有个人的平等自由，即防止掌握权力者滥用权力，压制他人的自由而肆意扩大自己或某些特权者的空间。政府应当实际上只是代表每个自我之外的所有其他人的平等自由来行使权力，它自身并不应当寻求自己的任何特殊利益。合理的个人自由权利将限定其他人与社群干预，尤其是政府权力干预的边界；而政府所代表的他人的自由也将限制任何一个人自由的边界。

换言之，确定群己关系之权界的标准是一种公平，或者说是一种个人基本自由权利的平等。在这些基本权利的范围内，说自由也就意味着平等，因为只有我和其他人一样都享有平等的权利，我才能真正自由；而说平等也意味着自由，因为只要所有人平等，每一个人也就一定都能享有自由。而现代人的基本自由权利主要包括宗教信仰的自由，思想和言论表达的自由，人身、财产和从事经济活动的自由，政治机会和政治参与的自由等。在这些基本权利方面应当所有人一律平等，每个人自由的限度应当只是以妨碍到他人的同等自由为限。政府也主要是在这一意义上行使权力来限制那妨碍和侵害他人自由者的自由。

而要真正地落实这种所有人的平等自由，最好的方式就是实行明确规定了公民基本权利的宪政和法治。法治就意味着在法律面前人人平等。法治能够最有效地保障个人自由。宪政和法治所限制的其实主要是权力，它们是为了权利而限制权力。在这一意义上，宪政也可以说是"限政"，法治也仍然可说是

"法制"——即不仅是法律制度，也是制约权力的法律。于是，要想稳定地确立与维护自由，也就要建立和维护法治。任何有权力者就都不能凌驾于法律之上，无权者也不能做"逃票乘客"来规避法律，或者铤而走险来触犯法律。当然，这里最重要的责任是掌握权力者。掌握权力的集团和个人应当遵循古已有之的"天下为公"的原则，即他们权力的性质应当是一种公有的权力、民有的权力，任何权力以及通过权力来获取利益的私有和世袭都是不可以的。社会制度的安排和各项政策应当符合公平正义、应当平等地对待每一个人，而每一个人也要善尽自己公民的义务和对其他人的道德责任。

另外，政府施政还要注意"重为惠，若重为暴"，即像慎重地使用刑罚等暴力手段一样，也慎重地使用福利手段。这不是指在基本的权利方面，而是指在福利方面要谨慎。福利也并不是越多越好。"放开肚皮吃饭"的"公共食堂"的福利好不好？但持续几个月难以为继了，后面还跟着大饥荒。因为，福利还是"取之于民"的，这里用多了，那里就会少了；给这部分人多了，给那部分人就会少了；政府拿多了，民间就会少了；因为增多的福利就意味着让政府掌握更多的资源，意味着扩大政府的权力，而一个大政府是有危险的，因为它可能威胁到人们的基本权利，即福利和权利之间还是可能发生冲突的。政府的首要责任是要当"保安"，而不是当"保姆"，或至少不能做所有人的"保姆"，而只做很少数人，即那些靠自己的能力不足以自养的如"鳏寡孤独"人们的"保姆"。

所以，公平和恰当地划定政府与个人之间的权限十分重要，即不能一味地扩大个人的权利和福利，那样，社会就可能成一盘散沙，或者在过重的全民福利的重轭下喘息甚至最后崩溃。而警惕和防范某些乃至某一个人攫取过大乃至极端的政治权力则更为重要，因为这样的极权一定会带来对社会福利和个人权利的极度侵犯和压制。

(四) 人我正

在人与人的诸种关系中，除了群体与群体、群体与个人的关系，也还有一种个人与个人的关系。我们在这里首先想谈一种一般的个人与个人的关系，即一般的"人我"之间的关系，在这方面，大量的是和生人、和初次接触的人之间的关系。在传统社会，一个人一生多生活于一村一乡一镇，接触的人比较有限，多是和熟人打交道；而在现代社会，流动性大大增加，一个人一生要和许多人打交道，且经常是生人，尤其是现代通信发达的网络社会，许多交易或交往甚至不必见面，于是，在现代社会里，需要更为注意的是与陌生人的关系应当如何讲求义理，平等对待。上世纪台湾经济起飞之际，社会讨论"第六伦"即是在处理这一问题。那么，在处理这种人我关系之伦理的时候，我们所应当特别重视的是什么呢？

在处理一个人与其他具体个人的关系上，自然应当遵循一般道德和礼仪的规则，履行自己应尽的自然义务，也包括在对待他人的态度上能够有古人的"己所不欲，勿施于人"的"忠恕"之义——也即是现代的"宽容"之义。而如果作一概述的话，可以说就是平等待人和公道处事的正直，即我们做人做事都要"正"，不搞邪门歪道，正道而行，直道而行。不是所有人都能成为圣人、道德英雄，但每个人却可以，也应当成为一个正派的人、一个正直的人。

不过，我在这里想特别强调一下"信义"。这是因为"信义"一方面是基本生活和交往单位直接打交道的初级群体的传统社会之伦理相对薄弱的一块，另一方面又是经济和政治生活大规模发展和扩大了的现代社会之伦理所迫切需要的。[5]

我们今天生活在一个以经济为中心的社会里，而诸如"信誉"(reputation)、"信用"(credit)、"信任"(trust)这些要求，可以说是今天这样一个经济活动相当全球化、一体化社会的道德基石，如果对这些要求的落实不能达到一个起码的水准，社会就几乎无法繁荣发展，交易成本就要大大增加，甚至稍稍正常的经济活动都无法开展。然而，我们又不仅希望通过提高和扩大这"三信"来促进经济的繁荣和物质生活水平的提高，而且建设一个高信任度的社会显然本身也就是目的。我们如果能生活在一个不仅在经济活动方面，也在生活的各个方面都能充分信任别人、也被别人所信任的社会里，这是构成我们幸福的一些基本社会要素，而个人也将因自己的诚实一贯、人格完整而感到幸福或心安。

所以,"信义"不仅是手段,也是目的。我们为什么应当守信?除了利害的问题,还有一个对错的问题、一个道德是非的问题。无论如何,不管与什么人交往,不管是生人还是熟人,守信、践诺、遵守合同这样的行为其本身在道德上是对的、正当的;而不守信、不践诺、不遵守合同这样的行为在道德上是错的、是不正当的。总之,我们也许不会成为伟大高尚的圣人贤者,但是,我们每个人都应当可以成为一个让人信得过的人,也是一个自身人格完整的人。

## (五)亲友睦

亲友之间的关系自然也要建立在上述一般的个人与个人之间关系的"信义"基础之上,但它还可以发展为一种更亲近的关系,即一种更加亲密与和睦的关系。通过婚姻和友谊,一些原本的陌生人也可以进入这种关系。但这一亲密体与社会比较起来必然还是范围很小的,如此也才可能亲密。它们就构成社会的一些基本细胞,虽然各自都很小,但是却对其中成员的幸福来说关系重大。如何处理这方面的关系,在古人那里有非常丰富的思想资源,早在《尚书》和《史记·五帝本纪》等古代典籍中,就已有"五典"即"父义、母慈、兄友、弟恭、子孝"和"朋友有信"的说法。虽然今天等级服从的意味受到冲击,家庭与社会的区别比传统社会也更为明显,但一种亲情和友情依然在中国人里得到高度的珍视,所以,我们还是将其纳入基本的社会关系。[6]

## 二 五常德

次论"五常德",我这里还是采用古已有之的说法,即"仁、义、礼、智、信",并认为这五个古代概念及其整体联系在今天仍有强大的生命力,虽然也可以并应该赋予一些新的内容或解释。另外,这五种常德虽然也可以有制度德性的涵义,但我这里主要想从个人德性的角度来观察它们,这样,对前面的四种德性就会联系孟子的"四端说"来进行说明,同时也注意其客观的一面,还有"仁智勇"之"三达德",《管子》所言"礼义廉耻"等即可参考,并适当参照古希腊人所讲的"四主德":节制、勇敢、智慧与正义来进行阐述。

另外,和前面"新三纲"、乃至"五常伦"所讨论的五种基本的人与人关系的伦理要求不同,"五常德"是指常常凝结于人格的德性,是更为综合的、全面的,也是上无限制、可以无限提升的。因为这里涉及的不是社会普遍平等的、具有某种强制性的规范要求,而主要是个人的道德选择和追求。所以,我们在讨论每种德性的时候都将举出一个或一些人格的范例。

## (一) 仁（恻隐、善意、宽容）

孟子说："恻隐之心，仁之端也。"此一恻隐之心也就是不忍之心、怜悯之心，对他人痛苦的同情之心。"仁"在古人那里实际被视作是德性的"总脑"，所以，恻隐之心实际不仅是"仁之端"，是"四端之首"，也可以视作整个道德的源头。[7] 孟子从道德的源头（"端"）来讲德性，而且认为所有人都潜在地具有这四种"善端"，为人们提供了道德动力和信心的某种保证。而"仁"的这一德性概括地说就是"仁者爱人"，而其基本的就是"仁者人也"，也就是"人其人"，即以合乎人道的方式对待人。

古人的"仁爱"是"立爱自亲始"。这种爱一般来说也的确在亲人之间更为浓厚，这也是比较自然的情感。但古人也是强调"推己及人"的，强调"己所不欲，勿施于人"以及"己欲立而立人，己欲达而达人"。这其实也就是从人格上将他人与自己平等看待出发，将一种基本的善意扩展开去。高者或能达到一种舍己的慈善，乃至自我牺牲的大爱，低者也能有一种基本的善意待人，而不会恶意地揣度他人或者不惜损人利己地利用他人。一个社会善意的流行是极其重要的，如果到了一个人行善也因可能遭到种种猜疑乃至毁谤而不敢为之，那这个社会也就真的离崩溃不远了。而除了扬善，社会的宽容也是非常重要的，且不说现代社会人们合理的价值追求和生活方式多元化本身就应被视为合理,即便是过错乃至罪恶,也最好是"罪其行而非罪其人",也给犯有过错的人们乃至罪人以自新之地。所以,仁者并不是高踞于众人之上,他就在人们之中,他因体察自己心身的脆弱和有限性而同情并怜悯与救助他人的痛苦,他也因体察到自己精神和道德上的有限性而善待与宽容他人,当然,此处能够推己及人,必是要有一颗仁心,要有一种基本的同情和善意。

德性总是与人格联系在一起的,而且,传统社会所强调的是士人的德性,是君子的道德。20世纪以来,虽然士人的传人——后来叫作"知识分子"的人们遭到了空前的打压,自身也常常被扭曲,但是,还是在一些人身上展现了古道和新知的结合,展现了道德人格的光辉。所以,我想在下面"五常德"的叙述中主要从他们中举例。这不仅是以示传承,也是展现一种自觉性。这里的人物是自己就充分地认识到自己行为的意义,而不是被别人树立起来的榜样;他们的行为并非是高不可攀,他们履行的还多是基本的义务,但却是在一种特别困难的情势或处境中履行,或者终身履行,其行为就是难能可贵,其精神就是非常高尚的了。淳朴的德性固然可贵,但伴随着一种自我意识,甚至是从犯错中挣脱出来的自我意识则更为难得,而从一种苦难中磨炼出来的德性也自有它的高贵之处。

在"仁"的德性方面,我想举出作家史铁生的例证。他也曾年轻气盛,然而,在"最狂妄的年龄"——20来岁的时候,却突然得了重病,以后再也不能走路了,起初他也生气发怒,抱怨命运的不公,甚至想要自杀。但后来慢慢平静,在街道小厂劳动,自立谋生。当改革开放以后,他有了通过写作改变自己命运的可能。他投入其中,然而,当他终于写出和发表杰出作品的时候,最爱他的,也是他最想向她证明自己的母亲却已经故去了。他自己后来的病情也愈加严重,旧疾加上新病,经常都是处在病痛的折磨中和死亡的边缘,正如他笑谑的,生病成了他的职业,只是业余写点东西。但他却变得越来越温和,宅心仁厚,精神飞扬,在他的作品中,在他的生活中,他都表现出了一种强烈的对他人痛苦的恻隐之心,对他人的宽容与善意,对"命若琴弦"的脆弱生命的关怀与爱情。他说:"人都是有残缺的","没有一个社会是、也不可能是完美的",而"爱情与残疾,这两个消息概括了人全部的消息"。"人类的历史风风云云挤压下来的问题,没有宽容那就全完了。""我们受的教育中缺少这一块东西,就是善良。""忏悔从来不能用于他人,只能用于自己。""一定要形成一个自己追究的状态,而不是他人追究的状态。"[8]他挚爱自己的父母、妻子、亲人,他也非常关心自己的朋友,周围的人,素不相识的人。而在这种关爱中,又始终有一种对所关爱对象的尊重。他曾在写给一位有残疾孩子父母的信中,在考虑是否让孩子出演一部与其有关的电影时,极尽温柔和体贴,反复设想这事对孩子健康成长的各种可能利弊。他也曾在患有重症的陌生少年想见他时,不顾自己的病痛不适,立即坐轮椅前往,与其促膝谈心。

史铁生关注至高无垠的精神信仰,也关注问题丛生的社会政治。他不以自己的身体痛苦为意,却深刻地体会和关切着他人的痛苦、悲悯人间的苦难。他的胸怀越来越博大,越来越能宽容各种意见、各种价值和生活方式。他的善良、乐观、坚强的精神人格感染着他周围的人们,他还经常直接地给予需要安慰、鼓励和救助的人们以具体的帮助,而当他最后离开的时候,他早已遗言,将自己的器官捐献给了活着的、需要的人们。他克服巨大的身体障碍和病痛,写出的诸如《我与地坛》、《务虚笔记》等许多杰作,也必将一代代地遗泽于后人。他是一位现代中国之子,又是一位具有真正传统精神的仁者。

## (二) 义(羞恶、勇敢、坚持)

孟子说:"羞恶之心,义之端也。"这里一是点出了义的基本性质,一是点出了"羞耻",即义首先是一种对恶的禁令,是对犯恶的羞耻。如果说"恻隐"是德行的正面引发动力,"羞耻"则是德行的反面刺激动力,在有些人那里,后一种动力甚至能超过前一种动力。

"羞恶"是"羞"人之恶,也是"羞"己之恶——如果自己面对他人的、社会的恶完全漠视、不予制止的话。当然,最优先的还是自己不主动犯恶,不管利诱再大也"羞恶"而不为。所以,顾亭林说,士人君子的道德修行先不用说那么高远,而不妨就从"行己有耻"开始。而孟子也早就说过,最大的耻是无耻。如果一个人堕落到了一点羞耻心都没有的地步,那对他的确也就可能没什么指望了,除非他哪一天重新开始萌生"知耻"之心。

"知耻"是因为有"义"的标准在,是用"义"的标准衡量而觉其"不正"而感到羞愧。但仅仅有羞愧可能对"改正"还是不够的,还必须要有践行"义"的勇气。尤其是在纠正他人和社会的恶的时候,更需要一种充满正义精神的勇敢。勇敢并不是好勇斗狠,而是循义而行的大义凛然,一个正义者的勇敢其实是来自绝对地服从正义,或者说是来自老子所说的首先"勇于不敢",即不敢僭越,视正义为绝不可违背的真理,故此她/他方能够有勇气"虽千万人,吾往矣"。而且能够始终如一地坚持。

在"义"的德性方面,我想首先举出一位女性。当她挺身而出的时候,她还是北大的一名学生,她就是林昭。当一次铺天盖地的政治运动和斗争席卷而来的时候,本来并没有冲击到她,她不难旁观过去,然而她的良心却让她看不下无中生有、伤害无辜,看不过对年轻学生的无情斗争、残酷打击。于是她在1957年夏天一个闷热夜晚的斗争大会上,站出来维护与自己一起编《红楼》杂志、被斗争的同学张元勋,在群情汹涌的质问下她昂然报出自己的姓名:"我是林昭!……你记下来:双木之'林'、'刀在口上之日'的'昭'!"而且,她正像遇罗克所说的那样一种人,"开始勇敢,最后仍勇敢",在后来的日子里,她不断受到越来越严厉的迫害和摧残却依然不断抗争，直到她入狱，直到她被投入死囚大牢，直到她最后被处死，只活了36岁。她是一个感情细腻的美丽才女，有对自己美好生活的追求，然而，为了一种正义的信念，她可以接受种种不可思议的折磨和侮辱，"虽千万人"而不顾，即便"九死而不悔"。

而当林昭被监禁在上海狱中的1966年，又有她当年维护的张元勋不顾个人安危，毅然以"未婚夫"的名义去悄悄看她，张元勋此时也是刚从被判刑八年的狱中出来，在河北的一个劳改农场。而张元勋也的确为这次探视付出了沉重的代价，但通过他的一次面见记述，终于给我们留下了一个本来无法得知的，林昭在狱中坚贞不屈的形象。[9] 多年后，张元勋的一位同窗邓萌柯如此写道：

> 张元勋千里迢迢去探视狱中的林昭，不是为了爱情，也不是亲情，说是为了友谊还不足以概括这件事的原因、结果和价值。我思考了很久，认为是为了被中国人推崇到无以复加的程度的"义"字。张元勋也把这个"义"字张扬到极其高不可攀的高度。在那个时代，朋友之间反目成仇，亲兄弟形同陌路，夫妻相互揭发，……为了生存，人们抛弃了"义"，实在是无可厚非。正因为可以原谅某些"不义"的弱者，而更不应该忽视"大义"的强者。像张元勋这样，将自己的一切置之度外，不计成破利钝，丝毫没有私利的考虑，做好了一切最坏的打算，准备付出最大

的牺牲，他也确确实实承受了第二波打击，这绝不是一般芸芸众生能做出的事情。是仗义豪侠，是义薄云天，是替天行道，是可以和程婴、公孙杵臼相比的义举。

张元勋的这次探视所体现的，的确主要还是一个"义"字，虽然还是会有惺惺惜惺惺、在苦难中相濡以沫的友情，甚至心底还是会有一种哀伤温婉的亲情，包括对当年林昭以一少女之躯，不惜以卵击石来维护他的勇敢当涌泉相报的"情义"。这是一些最基本的情义，或者说，这里的"义"正是为了维护这些最基本的人之常情、亲情和友情的"义"，这里的"义"正是为了抵制让"朋友之间反目成仇，亲兄弟形同陌路，夫妻相互揭发"的反常政治之"义"。我这里首先想特别强调林昭最初勇敢地站出来维护同学、维护真情和真相的道义，那时她还没有达到她后来的那种对现实政治的清醒认识和信仰回归，甚至可以说她那时基本还是相信当时的政治教义和组织的，故而还感到"良心与组织性"的矛盾，但是，她不能忍受这种教义和群体对最基本的道德的侵犯，比如说言行不一、无中生有地伤害无辜，尤其是伤害年轻人，出于最基本的同情心，同学情谊和对真相的尊重她就挺身而出。其次则是她的大义凛然的坚持，在当时那样一种从上到下、弥漫社会的高压下，一般人是很难如此坚持的，一般人做出一定的调整、顺应或妥协也都是可以理解的。但林昭却决不屈服，绝不妥协，而她的精神和思想也更加深化和丰富了，她开始认识到这一切迫害和压制的根源，她重新开始了对真正的美善和正义的追求，于是，从一种最基本的道义始，至一种圣洁的精神止，最初的道义在她那里焕发出至巨的行动力量和至高的精神光辉。

## (三) 礼（节制、克己、温文）

"礼"也是一种社会制度和礼仪，不过我们在这里主要从个人德性来考虑。孟子说："辞让之心，礼之端也。"又曾说："恭敬之心，礼也。"而敬让他人就必须节制和约束自己，就必须克己，"克己"方能"复礼"。克己就意味着要节制自己的欲望，尤其是物欲。所以，"礼"这一德性可以说和古希腊人所说的"节制"德性最为接近，即所谓"礼节"是也。而在一个人身上，也可以通过从公共场合的礼节一直到整个人格的温文有礼，以达到与上述行义之勇的某种平衡。

在"礼"的个人德性方面，我却特意想举一位新文化运动的代表胡适为例。在思想和知识上，他是努力求新的，在倡导从形式的白话文，到内容的新思想方面不遗余力。他主张打破许多社会的束缚，尤其思想的禁锢。然而，在他自己的生活中，他却恪守追怀先人、孝顺母亲的传统道德，甚至在有看来更适合他的婚侣的情况下，仍然保守和维护与从未接受过新教育的妻子的婚姻，而在这后面，是有不忍伤害自己的发妻和不愿违背母亲遗命的意思，为此他不惜克制自己的心愿和约束自己的行为。胡适很年轻的时候，也曾有过短期放荡的短暂经历，但当他一旦醒悟，则戒除恶习，发奋读书，终于考取了庚子赔款奖学金赴美留学，且终其一生未再放任。他总是对人保持温文友好，宽容大度，严于律己，甚至忍辱负重。当上世纪40年代末他任北京大学校长时，据季羡林回忆："他待人亲切和蔼，见什么人都是笑容满面，对教授是这样，对职员是这样，对学生是这样，对工友也是这样。"他以保护学生为己任，尽管他和参加示威游行的学生理念不同，但每次学生被捕，他都奔走于各大衙门之间，逼迫当局非释放学生不行。他早年"暴得大名，谤亦随之"，他都能不介怀，不在意，晚年看到自己培养多年的大陆弟子严厉批判自己，也能理解和体谅。而对他认为不合适之馈赠或礼遇，他会明确地予以拒绝或退回。对最高上司之错误，他也能不客气地予以指陈。在胡适的温文有礼中，其实又是有坚定不移的持身原则的。

## （四）智（明经、知权，中道）

孟子说："是非之心，智之端也。"这里的"是非"是指道德的"是非"，即道德上的对错、或正当与不正当。如果说孟子在前三种德性中所强调的是道德的情感和意志的话，这里所强调的看来是一种道德判断的理性，或者说是对"义"的理性认识，但它看来也不仅包括对"经"（道德原则）的认识，也包括"权"——即在具体情境中道德权衡或选择的意志和智慧。它也是一种平衡和寻求中道的智慧。这里的"智"和古希腊人所说的"智慧"是相通的，但在中国，比较集中于道德的理性和抉择。

在"智"的德性方面，我想举一位在如此大变动的时代里，虽然观点也屡有变化，但总体看却是以其睿智的理性，坚持了正确原则的梁启超。他早年追随康有为参加戊戌变法，但也不是一概同意其师的观点，而是一切以追求真理为依归。他在20世纪初一度激烈，甚至主张暴力、暗杀等等手段，但后来也恰当地调整了自己的观点。他在辛亥前主张君主立宪，但当辛亥后袁世凯要复辟帝制的时候，他则挺身而出捍卫共和。他晚年更重学术思想，但对社会政治运动也有清醒的认识。在我看来，他是近代中国最伟大的一个启蒙者。他并不激烈和张扬，不尖刻而宽厚，不主张否定和打破传统，而是努力结合传统优秀文化和外来先进思想，在固有的文化根基上推陈出新。他并不是像古希腊那样的"智者"，而是一位爱智者，即他远比对占有知识或技艺更重视追求智慧和热爱真理。他对自己已有的知识和见解保持一种开放和随时准备修正的态度。他的智慧也不仅表现在公共领域，不仅是用于国事，在家事，尤其是教育孩子方面，他也表现出一种深切的关怀和睿智。他的诸多孩子几乎可以说是近代名人中最有品格和成就的。他其实也还是一位宽厚的仁者，对中国和世界怀有一颗赤子之心。他晚年被协和医院的医生在手术中误割一肾，他也还是不予声张，宽大为怀。而德性其实也常常是联为一体的,本书中所举各位先贤,我们也往往只是就其最突出或最需点出的一面阐述,而他们的德性并不止一端,常常整体也都是道德君子。

## (五) 信 (守信、互信、诚信)

"信"其实也是应当贯穿到上面所有的德性之中的,即所有的德性都要主观上诚,客观上信;个人之言之行遵循诚信,而最终达到人与他人之互信、政治社会之公信。我们在社会中其实可以很清楚地看到这样的经验教训:政治运作的有效必须以一种对权力的起码公信力为前提;而和谐社会的启动也必须以一种人与人之间的基本互信为前提。所以,"信"既可以说是一种贯串,又可以说是一种目标;是个人的一种德性,又是我们期望达到的一种社会状态。

为人首先要守信,要遵守自己的承诺、各种契约或合同,甚至还有如苏格拉底在狱中所说的那种对城邦、对社会的隐涵承诺。其次,也要信任别人,亦即互信,而不能一味猜疑。甚至可以说,如果的确难于判断的话,也宁可失之于轻信,也不要失之于猜疑。动辄质疑,甚至无限质疑不是一种与人为善的态度。轻信是一个缺点,但却是各种缺点中一个最可理解甚至可爱的缺点。当然,所有的信守都应贯穿以诚,我们要真诚地给出承诺和信任他人。

在"信"的德性方面，我想举梁济与梁漱溟父子为例，这不仅是以示传承，"诚信"也的确是他们最突出和连续一贯的特点。梁济作为清代旧臣，虽非位高权重，却已自许一心诺，愿意以放弃自己的生命来表示某种不仅是对政统、更是对文化道统的忠诚信守。因为他不相信自幼所接受的纲常礼教就全无是处，也认为一种如此强调道德的文化传统之衰亡必应有人为之殉节。所以在他认为适当的时候到来时，他毅然而然投水自尽。他的行为也许不必仿效，他的精神却值得人们尊敬。他在遗言里其实也是期望活着的人们都来推进共和之德。他走了，因为他是属于过去的，儿女也长大成人。而未来的人们却应该去创造一个好的新世界。而梁漱溟的确也表现了和他父亲一样的对世道人心的强烈责任感。他心口一致，言行一致，即便在巨大的压力下也是如此。在上世纪50年代，他不惜触犯龙颜也要为农民的疾苦说话。"文革"中，他反对把林彪作为"接班人"写进宪法，但主张一个国家为国体计还是要设国家主席。在后来的批林批孔运动中，许多原来尊孔崇儒的知识分子纷纷转向，而梁漱溟依然坚持自己的观点，反对批孔。梁漱溟是一位刚毅的老人，而他的刚毅最突出地就表现在"修辞立其诚"上。

以上史铁生之仁心，林、张之道义，胡适之有礼，梁启超之爱智和梁漱溟父子之守信，都是在一个大变动的时代里仍然保持灿烂光辉的人格德性。这些德性既是上接传统，而又可以开启我们的未来。但正如前述，为了展现一种传承、自觉磨炼精神和自我意识与言论,上面所举人格德性都侧重于士人。但这并不意味着这些德性就没有丰富地显示于其他群体。在各行各业,都有在仁、义、礼、智、信以及综合的德性方面涌现的光辉人格。许多的普通人,比如像许多甚至不识字的老人们,缠脚的祖母、曾祖母们,她们的不图任何报偿的对家人的慈爱;她们对陌生人发自由衷的深深善意和对他们所遭受痛苦的同情与帮助;她们朴素的大度宽容和与人为善等等,都永远令我们感动,今天仍然是我们的道德资源的宝库。

---

**注释:**

[1] 《传习录》下。
[2] 《传习录》中,"答聂文蔚"。
[3] 《大学问》。
[4] 参见严复译《群己权界论》"译者序"和"译凡例",商务印书馆,1981年版。
[5] 对传统"诚信"的地位和内容的分析,对现代"信义"的普遍义务的分析,详请参见拙著《良心论》第三章"诚信",北京大学出版社,2009年版。
[6] 由于古代中国有这方面的大量思想资源,此处不详述,也可参见拙著《良心论》第二章"仁爱"中对古代"亲亲之爱"以及朋友之伦的内容以及现代转换的阐述。
[7] 详请参见拙著《良心论》第一章"恻隐"中的阐述,北京大学出版社,2009年版。
[8] 以上引语均见阎阳生的访谈记录:"透析生命",收在《生命民间记忆史铁生》一书中,第70-79页,中国对外翻译出版公司,2012年版。
[9] 参见网上张元勋文:"北大往事与林昭之死",一个较详的收有此文及《彭令昭文选》其他文章和纪念文字的网站是 http://article.netor.com/article/mem_2184.html。

# 第五章 新信仰

以上所论"纲常"是讨论作为社会根基的道德原则、规范与德性,下面两章是讨论社会新伦理的价值信仰体系和入手途径。在传统伦理学中,价值信仰与原则规范、人格德性三者是紧密结合在一起的,而且是以一个主导的价值信仰体系和落实到人格的德性为中心,而现代伦理学则是以面向行为的原则规范为中心,或者说,是从传统的以"善好"(good)为中心转到现代的以"正当"(right)为中心。但是,价值信仰作为各种可能的支持精神,还是起着巨大的作用,尤其是在原则理据之后的个人道德践履的层面,更是具有一种最深远的动力和源泉的作用,因为它们的形成和作用机制也不仅是理性,也包括感情、意志和信念。

对基本的道德原则规范以致入手途径方面,我们应当努力寻求和凝聚社会的共识,而在价值和信仰方面,我们则应当允许多种多样的个人和群体的差异,允许多种多样的精神信仰来给予我们履行的基本原则规范以支持,甚至可以说,支持我们做正当事和做正派人的精神资源是多多益善的。但对这些合理互异的价值信仰,我们也还是可以概述出一些一般的特征,包括反映民族和文明性质的一般特征，或者说概述出一些基本的信仰和尊敬对象。

有关走向共和之后的国人的价值信仰，我想或可就以中国传统社会、尤其是明清数百年间自然而然地在民间社会兴起的崇敬对象为基础进行改造，这就是在传统民居厅堂正中壁上或神龛上郑重书写的五个字：天、地、君、亲、师。这一信仰体系虽然在明清才以明确的形式广泛流行于民间，但在中国的历史文化传统却是源远流长的，可以追溯到上古先人的生活与观念。在《荀子》"礼论"中有一阐述是："礼有三本：天地者，生之本也；先祖者，类之本也；君师者，治之本也。无天地恶生？无先祖恶出？无君师恶治？三者偏亡焉，无安人。故礼上事天，下事地，尊先祖而隆君师，是礼之三本也。"[1] 也就是说，对这些对象的崇敬，也就是对生命之本源的崇敬，对我们特定祖先的崇敬，也是对政治秩序和社会教化的尊敬。

民国代清之后，民间许多人也已经自发地将其中的"君"改为"国"。我想，如解释得当，这有可能会是一个能被范围最广泛的人们接受的一个信仰体系，即天、地、国、亲、师。下面我试着对此做一些新的解释：

## 一 敬天

和前面"天人"关系中所说的"天"仅仅指自然界有所不

同,这里的"天"主要是指精神之"天",虽然物质之"天"也能使人发生一种联想和敬仰。天是高远的,神秘的,超越于人的。康德赞叹过浩渺的星空,爱因斯坦因宇宙空间的神秘和谐而油然心生一种敬畏。中国的古人也一直有敬天祭天的传统,尤其是在西周之前,"天"还具有明显的人格神的意味,"天"常常和"帝"、"上帝"的意思联系在一起,"天"、"人"之间有着永恒的距离。在经过从西周一直到孔子的人文化之后,"天"虽然失去了强烈的主宰神的意味,人们对"天"也还是始终保持着一种敬意,"天"仍然具有一种精神性存在的涵义。所以,我们这里所说的"敬天"即敬仰一种高远的、超越的、具有精神性的存在。这种敬重会采取各种不同的形式,可能是某种特定的、精深的宗教形式,也可能是一种原始的、素朴的信仰,但无一例外地包含有一种超越于人的因素,一种虔敬或敬畏的因素。它在人们的价值信仰体系中也居于至高的地位,常常具有一种统摄性的意义。

今天的中国社会,人们信仰的形式和对象,教义的内容都有许多的不同,呈现出一种多元化的状态:既有本土生长的儒教和道教;也有源自印度的佛教;还有源自近东的基督教和伊斯兰教;此外也有众多的朴素的如自然崇拜、动物崇拜、万物有灵论的原始信仰。但我们现在这里主要就其共同之处,并着重从信仰与道德的关系观察,那么,我们或可概括出这所有的信仰形态的两个一般特点。

第一个特点是一种对超越于、或至少是外在于人类的存在的某种敬意。这就使人类不致完全囿于一种人类的自我中心主义或利己主义,而能够意识到人类本身具有的某种有限性,从而能够关注和追求更高的存在或至少顾及其他的存在。人不是无所不能,人也不能无所不为。在人之上和之外,还存在着一些更高的东西。有此认识,或就不会太斤斤于人间的功利逐求,甚至不会太在意于世俗的成功与失败,更不会用一切手段追逐成功和战胜。因为,在人之上还可能有更高的制裁,在人的肉体满足之外也还有对灵魂的关照。后者也是更符合于人的身份,最有可能带来一种安身立命的永恒幸福。并不是只有"地上的面包",也还有"天上的面包"。并不是只有俗世的赏罚和报偿,也还可以有永恒的记忆和报偿。所以,人不能不谨慎于自己的行为,人世间的成功并不就是一切,人世间的战胜并不就是一切。

第二个特点是一种对人类自身的悯意。既然人类并不是无所不能,而是存在着知识上、道德上、幸福上,包括肉体生命的有限性,既然人间社会也必然会因为这种有限性而存在着痛苦和苦难,那么,就不能不对这种痛苦和苦难抱有深深的悲悯,尤其是对于那些弱势人们的痛苦。而我们不仅要悲悯那些弱势人们的生活不幸,也要悲悯那些强势人们的道德不幸;我们不仅要批评那些犯有道德罪过的人们的行为,也要反省我们自身可能只是因为缺乏机会而没有变成行为的道德恶念。

的确,这种种"敬天"的不同信仰形式也可能会发生矛盾乃至冲突。我们对自己的特定信仰应当是热烈的、投入的、虔诚的；但对其他的信仰又应当是尊重的、开放的、愿意交流和沟通的。为此我们也还是要寻求一些在道德上的共同点，即在各种合情合理的信仰体系中其实都存在的一些涉及人与人关系的基本规范和行为准则，例如"不可杀害、不可欺诈、不可盗劫、不可性侵"等等。一些西方的基督教徒如汉斯·昆等，曾和其他宗教的信徒发起和努力推动"世界伦理"的事业，这一"世界伦理"也就是试图在平等尊重所有宗教，也包括平等尊重所有人的基础上，促进所有不同信仰的人们间交流对话与和平共处。而一些中国学者如何光沪，也尝试提出一种"百川归海"的全球性宗教哲学。[2]

## 二 亲地

在传统的信仰中，对"天地"没有明显的区分，而我们这里将"天"和"地"明确地区分开来，即这里的"地"是指自然界，尤其是指人类休养生息的地球、指我们匍匐其上的大地、指同胞与亲人亲密往返的乡土，指我们生于斯长于斯的家园。它是具体的、贴近的，我们对它不能不怀有一种亲近和珍惜的感情。

中国传统社会一向以农耕立国，农人对土地一直有一种极其亲切的感情，而中国的士人也多是居于乡间或辗转城乡，他们留下了许多和大自然亲密无间的文字和绘画作品，例如陶渊明和王维的诗,王希孟、黄公望的画;尤其是历代的一些隐士,更是在生活方式上也力图隐没自我而融入自然。在域外,例如19世纪美国的哲人梭罗,他或许要比亲近和熟悉人还要更亲近和熟悉大地,他在独居于瓦尔登湖边的时候写下的文字直接吻合着自然的脉动,也反省文明的命运;还有像俄苏作家普里什文等,也写下了许多细致的观察和谛听大自然的细微的声音和变动的文字,展现了大地及其上面的各种生灵的活力和美丽。曾经在美国东部科德角海滩的一间简陋屋子里生活过一年,抵近观察过海洋、沙滩和过往的鸟类、鱼类的亨利·贝斯顿如此写道:"无论你本人对人类生存持何种态度,都要懂得唯有对大自然持亲近的态度才是立身之本。""羞辱大地就是羞辱人类的精神。"他呼吁人们:"抚摸大地,热爱大地,敬重大地,敬仰她的平原、山谷、丘陵和海洋。将你的心灵寄托于她那些宁静的港湾,因为生活的天赋取自大地,是属于全人类的。"[3]

热爱大地的人会对四季特别敏感。英国19世纪的作家吉辛写过《四季随笔》,美国20世纪的生态学家利奥波德在《沙乡年鉴》一书中,以优美的文字记录了他的沙乡农场中的大地、草木和动物的四季变迁,而更重要的是,他还提出了一种新的伦理学——大地伦理。在他看来,伦理学的范围必须从对人的关心扩大到对自然界的关心,要尊重所有的生命及它们所栖息的大地。为此,他提出了"大地共同体"的概念。他认为今天的"共同体"不仅要包括所有人,也要把土地、水、植物和动物都包括在其中,把这些看作是一个完整的集合,那就是"大地"。而人只是这"大地共同体"的一个成员,而并不是所有者和统治者。"大地伦理"暗含着对这个共同体每个成员的尊重,也包括对这个共同体本身的尊重。这里的基本道德标准是:"当一个事物趋向于保护生物共同体的完整、稳定和美丽时,它才是正当的;否则,它就是不正当的"。大地伦理要求现代人对自然界有一种态度和生活方式的改变,即将人类自己与大地亲密地融为同一个命运共同体。

对中国寄予很大期望的英国文明史家汤因比曾经在《人类与大地母亲———一部叙事体世界历史》一书的结尾这样写道:

> 生物圈包裹着地球这颗行星的表面,人类是与生物圈身心相关的居民,从这个意义上讲,他是大地母亲的孩子们——诸多生命物种中的一员。但是,人类还具有思想,这样,他便在神秘的体验中同"精神实在"发生着交往,并且与非此世界具有的"精神实在"是同一的。
>
> ……人类将会杀害大地母亲,抑或将使她得到拯救?如果滥用日益增长的技术力量,人类将置大地母亲于死地;如果克服了那导致自我毁灭的放肆的贪欲,人类则能够使她重返青春,而人类的贪欲正在使伟大母亲的生命之果——包括人类在内的一切生命造物付出代价。何去何从,这就是今天人类所面临的斯芬克斯之谜。[4]

而面对这一前景和抉择,占世界人口四分之一的中国人的行为态度将是至关重要的。

## 三 怀国

"怀国",这里的"国"自然是指国家,指我们往往生即进入、死方退出的政治共同体。不过,它可能还不止是一种政治秩序,它还是文化家园意义上的"家国",是祖先之国意义上的"祖国",无论我们是不是走遍世界,我们心里总会装着它,想要它好,想为它做点什么,而远离将更加怀念。

怀国的一个古老而恒久的典范,是伟大的爱国诗人屈原。据《史记》,他"博闻强志,明于治乱,娴于辞令",开始很受楚怀王重用,"入则与王图议国事,以出号令;出则接遇宾客,应对诸侯"。他不是一个主张扩张的国家主义者,他主张联齐抗秦,深刻认识到秦国作为"虎狼之国"的性质。他也不是单纯的忠君爱国者,"长叹息以掩涕兮,哀民生之多艰"。而是对民众有深切的同情,或者说,他忠君爱国是以苍生为念。为此他不懈地追怀自己的故国和真理性的理念,"路漫漫其修远兮,吾将上下而求索"。而且为了善的理念,他极其坚定,"亦余心之所善兮,虽九死其犹未悔"(均见《离骚》)。而他在为国尽忠、竭尽全力仍不济之后,虽然也可出走他国,但他宁愿以死明志,投汨罗江自尽。

我们需要注意到：爱国是一种很容易因故土、故人之缘生发的深厚感情，也是很容易被点燃和广泛流行的感情。但"爱国"本身并不是道德的标准，而且它还应受道义原则的约束。此一国家的人爱国，彼一国家的人也同样爱国。这都是自然合理的。在合理的范围内，不仅是一国繁荣强盛的强大动力，对其他国家也不会造成伤害。但是，如果这爱国的感情超越正常合理的范围，就可能不仅对他国人们的生命财产造成伤害，最终也会伤害到本国的人民和国家利益。所以，在"爱国主义"之前是应当加上"道德"的限制词的，否则，各国均可以打起"爱国"的大旗，以"爱国"之名，行"集体的"乃至少数野心家"个人的"利己主义之实。

因而实际有各种各样的爱国主义。而从道德的观点看则有两种爱国主义，一是合乎道义的爱国主义，一是不合乎道义的爱国主义，而屈原的爱国主义是合乎道义的爱国主义，他不仅是捍卫祖国，也是捍卫道义，即捍卫和平、捍卫信义。楚怀王因为贪图一国一己之私利，才会轻信张仪之诈而背与齐国之盟，而在知受骗后又不客观审度形势，也不吝本国人民的生命财产，举全国之力而求与秦决一死战，结果，由于他先已背弃了和其他本来友好的国家的关系，在与秦战时变成孤军奋战，结果魏趁机攻楚，齐国也不救，而他兵败之后赵国也不纳，最终被秦国俘虏，客死他乡而"为天下笑"。

只有合乎道义的爱国主义才是真正的爱国，而最后误国甚至丧国的很可能也是打着"爱国"之名。我们能够想象得到，当时向楚王和国人毁谤和反对屈原的上官大夫、令尹子兰等人所提出的"理由"和言辞，决不会是其背后的蝇营狗苟，接受贿赂，而一定也是冠冕堂皇的"忠君"、"爱国"的大词，比如他们很有可能是指屈原坚持与齐国结盟为"卖国"，称赞楚王接受张仪诈许的"六百里"是为了"扩大国家版图"，后又支持大举向秦国进攻是为了彻底"教训对方"等等，否则，也不会造成屈原几次被君主流放。而且，他们也肯定不仅是说动了君主，也是一度掌握了社会舆论的，即楚国人多听信他们的蛊惑之言，所以屈原才会觉得非常孤独，觉得"世溷浊莫吾知，人心不可谓兮"。（《九章·怀沙》）"吾不能变心以从俗兮，故将愁苦而终穷"。（《九章·涉江》）乃至觉得："举世混浊而我独清，众人皆醉而我独醒"。（《渔父》）我们由此可以想见，当时的社会舆论对屈原是很不利的，屈原的言行当时并不被人们相信，甚至他被认为是"卖国贼"也未可知。然而，后来的事实证明他才是真正的爱国者，是忠贞不屈、至死不渝的爱国者。大概也正是因此，司马迁才会对此事评论说：不管是聪明还是愚笨的君主，谁都会想要忠臣或贤人来帮助他治国，但为什么却多见亡国者呢？原因就在："其所谓'忠'者不忠，而所谓'贤'者不贤也。"

我们需要坚持符合道义的爱国，而只笼统地讲"爱国主义"是不够的。就以最易激起爱国主义感情的战争为例，有一些战争、甚至可以说是不少的战争，并不是说战争的一方是不正义的，另一方就是正义的；而是很可能双方或多方都是不正义的,都只是为了自己狭隘的、冒名的"国家利益"而互相冲突和发生战争,从而造成无数的生灵涂炭。而即使战争中有一方是正义的,即他们所进行的战争是反侵略的战争,他们所采取的战争手段也还需受道义的约束,比方说不能伤害平民和已经放下武器的战俘等等。另外,即便是合乎道义的爱国主义,也不应只是一堆感情,只是激愤、叫喊,而还应当是脚踏实地的努力和勇敢坚毅的抗争,并且还应有智慧和谋略,不应是一味的不惜同归于尽的求战,可能还要进行适当的谈判、结盟乃至妥协,因为任何战争都是必然要造成生命和财产的巨大损失的。

但无论如何,我们命定地生在那一个国家,就应当将祖国放在心里,就应当无论怎样都坚持民族大义和自身大节。屈原也正是这样一个伟大的爱国者。尽管他遭受了种种谗言和迫害,几次被流放僻远之地。"行吟泽畔,颜色憔悴,形容枯槁。"但是,他仍深深地"眷顾楚国,系心怀王,不忘欲反。冀幸君之一悟,俗之一改也"。故此朱熹在注《离骚》中"仆夫悲余马怀兮,蜷局顾而不行"一句时说:此乃是屈原"托为此行,周流上下,而卒返于楚焉;亦仁之至,而义至尽也"。

## 四 孝亲

"亲"可以指所有的亲人。但作为信仰,我们这里更强调对长辈，尤其是对自己所从出的父母和祖先的挚爱、崇敬和孝顺。这是中国历史文化中一直比较浓重的传统。"慎终追远"，我们要孝敬、热爱我们的由来方为"知本"。

传统中国社会的道德是两分的，上层要求更高，君主要有"百姓有过，罪在一人"的心态和君德，士人要努力追求"希圣希贤"的境界，而下层老百姓的道德则主要是一种教化，受上层的示范影响和教育而成。但有一项道德要求或信念则可以说是贯通上下的，是具有一种社会普遍性的，这一要求就是"孝"的要求，就是尊崇自己祖先的信念。所以，《孝经》列举了从天子、诸侯、卿大夫、士、庶人所有阶层的孝义，说"夫孝，德之本也，教之所由生也"。"先王有至德要道，以顺天下，民用和睦，上下无怨。"

而在对各个阶层不同的"孝"的要求中，"用天之道，分地之利，谨身节用，以养父母"这一"庶人之孝"也可以说是最基本的孝，是要求于所有人的。而我们还注意到："身体发肤，受之父母，不敢毁伤。"这是"孝之始也"。也就是说，任何一个人都不是孤立的一个人，都是有来源的，都必由一对父母所生。那么，他就要保守自己的身体和生命，要意识到这一生命和身体并不仅仅是属于自己的，这一保存自己生命的要求是对所有人而言的。而"立身行道，扬名于后世，以显父母"，则是"孝之终也"。这不一定是所有人都能达到的，但它是一个值得所有人追求的终点或高点——传统社会也的确通过从察举发展而来的科举，而给所有人、哪怕是来自非常贫寒家庭的子弟提供了这样的机会。

而我们又看到,这一"孝"的要求既是要求一个自我对父母与先人尽义务,更是要求他自己对自己尽义务,即不仅要好好保全自己的生命,还要努力发展自己的生命,在自己的一生中让自己的生命充分展开,从而光宗耀祖。而且,如果说,对自己的要求是具有实质性、甚至是物质性的话,对先人的义务则主要是名义性的、精神性的。换言之,如果真的达到这所有的成果的话,实际的享有者还是孝子本人,而你也可以说,虽然先人并不实际地享有这一切,但这也正是慈爱的先人所期望的,他们如果有知,将含笑于九泉。这样,"慈"与"孝"就结合起来了,这种结合将会形成无数条强固的生命链条,从而也为整个社会、民族和人类文明做出贡献。

所以,古人是不仅将"孝"视作一种义务,也是作为一种信仰、一种根深蒂固的信念的,如《孝经》所言,古人是将"孝"视作一种"天经地义":"夫孝,天之经也,地之义也"。认为它是发自人的纯乎自然的天性:"父子之道,天性也",孝为"天地之经",而"民是则之"。这里还有政治的力量加入,"先王见教之可以化民也",所以教化以"孝"为先,"教民亲爱,莫善于孝。教民礼顺,莫善于悌。移风易俗,莫善于乐。安上治民,莫善于礼"。这样也就能够使"其教不肃而成,其政不严而治",就能使"天下和平,灾害不生,祸乱不作"。

"立爱自亲始。"在古人看来,"不爱其亲而爱他人者,谓之悖德"。如果连自己亲人也不爱,对自己亲人的义务也不尽的话,也很难说他就能爱他人和全人类。或至少说,一个人无论如何应该对自己所从出的父母和先祖保持某种敬意,保持某种尊崇之情。"礼者,敬而已矣。"古人的这种信仰是一种对连贯性的信仰,是一种使一个自我与前后的生命连接,尤其是与在前的生命连接,由此他可以获得不仅是一种位置感,而且也意识到自己是连续生命上的一环,因而不仅有对自己的义务,也有对祖先的义务,或从另一方面还可以说,对自己的义务也将得到对祖先的义务的加强,一个人将由此获得一种更强大的使命感,也获得一种他在认识此点之前所不知道的力量源泉。

## 五 尊师

一个孩子呱呱坠地,首先是父母亲人的抚育,然而,仅仅父母,即便是再聪明尽责的父母,其家庭教育也肯定是不够的,他还要走向社会,要广泛地寻找可教育自己者,尤其是在寻求系统知识和真理、进行事业训练的方面更是如此。所以,求师,也因此而尊师是十分重要的。这一"尊师"的传统也是中国历史文化中所特有的一种深厚传统,它表明了人们对于文化和教育的重视,以及对从事这一职业的人们——即老师们的尊重。这种尊重曾经深深地渗透进了中国的普通老百姓,甚至那些自己没有机会认字读书的人们的心灵之中,乃至传承到今天。一份有收集民间语文专栏的刊物就曾刊载,一位生活在穷乡僻壤、目不识丁的老太太这样告诫她的孩子，你要从心底里尊重你的老师而不是尊重县长和官员，因为老师是真正在每天教你一辈子都受用的东西的人，而县长根本不认识你，你见都见不到他。

中国的法家的确也曾有过"以吏为师"的主张，但是，在儒家的影响下，中国在历史上还是基本保持了一种比较独立的"师道"传统，一种士大夫的传统，而"师道"的确立与"尊师"传统的形成是和儒家及其创始人孔子的名字联系在一起的。孔子作为后世推崇的"大成至圣先师"，或者用今天的话说，作为中国历史上第一位伟大的教育家和老师的典范，确立了这一"师道尊严"的传统。自然，这一"师道"首先本身要有尊严，即它不是依附于政治的，不是去为现实政治权力辩护和诠释的，而是独立地开辟出了一种合乎道义的、可以评判政治权力的"政道"和"学统"。而作为"师道"之体现的教师也要努力为人师表，尽其"传道授业解惑"的职责。其次，社会以致政治也要努力营造一种尊师重道的风气。

孔子自己从"十五有志于学"开始，就是抱着一个谦虚的态度，他自称只是"学而知之者"而非"生而知之者"，认为自己只是"述而不作"。他从小就善于从各个方面向各种人去学习，"子入太庙每事问"，这是在庙堂，在其他地方也是一样。曾有人问孔子的学生子贡，孔子从哪些地方学了这么多东西，子贡回答说："文武之道，未堕于地，在人。贤者识其大者，不贤者识其小者，莫不有文武之道焉，夫子焉不学，而亦何常师之有！"而这种学习是离不开一种恭敬与开放的态度的，此正如孔子所言："三人行，必有我师"。这也就像后来韩愈在《师说》中所解释的："是故无贵无贱无长无少，道之所存，师之所存也。""圣人无常师。孔子师郯子、苌弘、师襄、老聃。郯子之徒，其贤不及孔子……是故弟子不必不如师，师不必贤于弟子。闻道有先后，术业有专攻，如是而已。"

而在孔子成为一个学识渊博、思想深刻的学者之后，他又率先在民间办学，使官学转向社会，实行"有教无类"，使普通人也有了受教育的机会。孔子首先做出了尊师重道的榜样，而他的众多学生也是恪守此一遗训。他们首先无比尊崇他们的老师。有人说孔子的一个很聪明的学生子贡贤于仲尼，子贡回答说："譬之宫墙。赐之墙也及肩，窥见室家之好。夫子之墙数仞，不得其门而入，不见宗庙之美，百官之富。得其门者或寡矣。夫子之云，不亦宜乎？"

这种"师道"的确在上个世纪中国鼓吹阶级斗争的岁月里曾经遭到重创，乃至知识分子的整个阶层都成为"臭老九"，伴随着近年以经济发展为中心及人们价值观念的变迁，对"师道"的尊重还难说恢复到了传统社会的水平，而包括老师的成分也发生了变化。传统社会的教育重心可以说在下面，在乡村，在基础教育，但现在最优质的教育资源往往集中到了少数都市乃至都市中的少数学校。

而为中国的文化发展和普及计，我们还是要特别尊敬我们的老师，我们也要一如古人一般特别重视教育这一领域——无论是从教者还是受教者。而正如孔子所言"三人行,必有我师",我们的"尊师"还可引申为对任何一个可教我者和可垂范者的尊重,引申为我们对知识的尊重、对生活智慧的尊重以及对艺术天才和科学创新者的欣赏与敬重。

正如前面所说,大多数人都有值得我们向之学习的方面,都有值得我们请教的地方。我们也需要平等地尊重各行各业,且在任何一个职业里,都有值得我们尊敬的翘楚者。但是,值得人们不仅是在某一方面尊敬和请教,而且是整个人格、学识和创造力都值得崇敬和敬仰的人又不会是一个多数,相反还可能是一个少数。而我的确希望在一个趋于平等、甚至平面的现代社会里,仍然保有这样一种对于卓越的敬意,对于高峰的敬意,对于创造力的敬意,因为正是这样一种创造力,引领着文明和文化的发展。

以上共有五条:敬天、亲地、怀国、孝亲、尊师,并不是说这五条就能够囊括国人信仰的全部,也不是说一个中国人就必须具有这全部五条的信仰。只要是合理的,或者说不妨碍他人的信仰,不侵犯和压制他人的信仰,就都有存在的权利。即便是这五个方向的价值信仰在不同的人那里,也会有不同的具体内容,不同的表达和组合方式。而它们在各人那里也会有不同地位或先后次序。一个人也可能只是具有其中的几项甚至一项,或者只是在某一两个方向上突出,比如说某一个人在价值信仰上只是表现出一种强烈的超越信仰,只是一个虔诚的宗教徒，或者只是一个热烈的自然主义者、环保主义者、爱国主义者，或者主要是一个大孝子、一个崇尚美的艺术家，只要其信仰行为并不伤害到他人，就都是可以的。以上的五条只是对中国社会可能出现、也应当鼓励的价值信仰的主要倾向的一个概括。而我认为这五个方面的确还是一种具有很大包容性、而又有中国文化特点的概括。它们是感情、理性、经验和信仰的综合。它们并不具体地告诉我们做什么或不做什么，并不直接地发出行为指令或禁令，但却可能是一种我们安身立命的所在，并提供对社会伦理规范的信念，从而可能提供比单纯对义务的尊重以更大的支持、统摄和制裁力量。

---

**注释：**

[1] 类似的说法也见于《史记》、《大戴礼记》等。
[2] 参见何光沪著《百川归海》，中国社会科学出版社，2008年版。
[3] 贝斯顿著：《遥远的房屋》，程虹译，三联书店，2012年版，第161-163页。
[4] 汤因比著：《人类与大地母亲——一部叙事体世界历史》，徐波等译，上海人民出版社，2001年版。

# 第六章 新正名

最后我们要谈到"新伦理"的入手途径或者说当务之急。当子路问为政以何为先时,孔子回答说:"必也正名乎!"子路以为"迂",孔子批评他说:"名不正则言不顺,言不顺则事不成……",名不正则"民无所措手足",老百姓不知怎样办才好。"故君子名之必可言也,言之必可行也。"亦即所"名"——用今天的话说是主流意识形态、核心价值或者说"举什么旗"的问题——一定是可以心悦诚服地说的,更是必须坚定不移地力行的。在社会伦理必须以"信"贯穿,必须按正确的"名"以责实、以落实的意义上,社会的伦理教化又可以说是一种"名教"。"名教"实际上也成为传统"纲常"的另一个名称。在这个意义上,"新正名"也同样又还不仅仅是一个入手途径的问题,而且是新的社会伦理之另一个名称,或者说是它的最具有直接实践性和社会教化性的部分。

然而,在我们今天的社会中,却可以很明显地看到大量"名实不符"、"言行不一"的现象,看到大量的既往的、过时的意识形态与现实的、丰富的社会生活脱节,看到上层建筑与经济基础脱节、政治形式与社会形式脱节的现象,正是这种种脱节影响到我们社会各个阶层的互信，尤其是上下的互信、官民的互信，造成了公信力的危机。它们甚至每天都在向我们提醒着某些已成习惯的不诚，这实际也是社会诚信状况不能得到根本改善的最深原因。当人们还在一些基本的社会政治活动中言不由衷、套话假话流行，如何能够期望人们在其他方面落实诚信？当今社会的大患在名实不符，而究其实质，也就是一些过往的百年流行观念和宰执性的意识形态失去了指导性乃至正当性，从而使政府也失去了某些观念上的合法性，因而必须抛弃或至少有所区隔和分离。

我们要努力做到名实相符、言行一致，就需要进行名实之间的调整，这种调整大概会是双向的，也还需要一个过程。我们一方面要根据真实的情况剔除一些虚妄不实之"名"，增加一些真实之"名"，另一方面也要根据一些历史证明是正确之"名"来"循名责实"。但到底是以"以实定名"为主，还是"循名责实"为主？如果我们坚持"实事求是"原则的话，可能还是应当以前者为主。我们还有不少虚幻的"名"，虚伪的套话，尤其在一些正式的场合，而这些话可能连说的人自己也不相信。不过我们不在这里具体地讨论这些内容，而只是借鉴孔子的"正名说"，根据现实生活中重要和紧迫的问题，提出一种"新正名"，其核心的内容就是：官官、民民、人人、物物。正如孔子所提的"正名"："君君、臣臣、父父、子子"可以视作是对"旧三纲"要义的强调和行动的直接呼吁一样；"官官、民民、人人、物物"也可视作是对"新三纲"要义的强调与直接行动和教化的纲领。

## 一　官官

"官本位"大概是数千年中国社会领域中唯一长盛不衰的体制和观念。虽然它在今天的中国表现得非常突出，但它并不是一个新事物。大概从大禹治水的时代起，能够集中调配大量资源、组织人力物力的政治就成为社会的重心。无论是从西周到春秋的"血而优则仕"还是从西汉到晚清的"学而优则仕"，虽然入仕的方式和资格不同，但能否入"仕"，能否做"官"都是能否掌握其他如经济财富、社会地位和名望等资源的一个关键。

但是，中国传统社会的"官本位"和当代社会的"官本位"还是有些根本的不同：首先，传统社会的官员很少，在人口达到数亿的时候文官也才只有数万左右，政治权力的直接下达也并不深入到乡村基层，往往是到县为止；其次，官员的质量也不一样，所有"正途"的官员，即官员的主体都是通过古代的选举制度——先是察举，后是科举——即通过严格的、客观的、内容是强调德行文化的考察制度上来的，这样，首先在官员的入口上避免了漫无章法、买官卖官，也防止了政治权力这一社会"核心资源"的固化和世袭；另外，古代对官员也有一套监督监察的制度。正是为了要继承和发扬这一古代传统，孙中山在西方的三权分立之外又加上了考试和监察两权的分立而主张五权宪法。

　　与古代相比，当代中国的官员已增加至上千万之众，其中有些职位固然是现代国家大大增长了的功能所需，但也有许多是因人设事的闲职冗员，单纯"吃皇粮"的。所以，今天的中国首先需要精简机构，减少官员数量，减轻社会的负担。其次，古代中国选拔官员的制度应当说是相当完善的，即很适应传统社会的制度架构。而1949年后新中国官员的选拔方式则长期没有制度化，一度是根据领袖的意志和所谓"政治路线"，甚至是"政治运动出干部"。后来逐步建立了公务员考试和组织的考察制度，但官员的升迁仍往往在相当程度上受上级、尤其是第一把手的意愿乃至好恶的影响。而近年来随着经济的发展，政治上可掌握的资源又越来越多，官职更成为人们艳羡和谋取的对象，买官卖官就成为一种痼疾。而在官员权力的监督和制衡方面，有些重要的制度也还没有建立起来或者没有得到真正的落实。官员名为"人民的公仆"，宗旨是要"全心全意为人民服务"，但这一高标准却常常与不少官员连最基本的做人道德底线——还不止是官员的职业伦理——也在被突破的现实形成强烈的对照。这种连基本的道德底线也被突破的"失范"的官场现象，却由于社会上"官本位"的现实所带来的"示范"效应，而对社会的道德状况造成了根本性的腐蚀影响。如果说老百姓每天都看到许多大权在握的官员说的是一套，做的又是一套，以权谋私，监守自盗，他们将会怎么想、怎么做？他们或将由这些官员的做法而不相信整个官方的说法和做法，甚或想自利的或社会的"彼可取而代之"，就可能造成一种社会的腐败或者诉求"革命"。

所以说"官官"是一件紧迫和重要的事情，或者用时下的话来说，如果不抓紧反对权力腐败，执政者就可能"亡党亡国"，失去自己的执政地位。而所谓"官官"，首先是强调官员要像官员的样子，官员要履行自己的职业伦理。治国先要治吏，正民必先正官。"官本位"是中国数千年的顽症，但似以现在表现得最为严重。社会上羡官求官和骂官仇官的现象同时都很突出，这一方面说明官员现在掌握的权钱名的资源之大，另一方面也说明官员的德性与人们的期望落差之大。所以，官员的问责、官德和政治伦理的建设是当务之急。这自然需要政治制度的配合，最后比较根本的解决办法大概还是要靠法治和民主，靠权、钱、名等各种价值的多元分流。

我们并不是说要否定这整个官员体制或者说科层体制，这种少数治理的体制可能不仅难免，而且也胜于一人专制或者多数暴政，我们还要肯定今天的共和制度，按其名义它是完全拒斥一个不管是形式上还是事实上的终身"君主"及其权力集团的"世袭"的，连最高领导人也是要纳入可以替换的"官员"的范畴。不仅社会，包括政界都需要特别警惕和防止那种旨在撷取绝对权力、脱离法制轨道的个人野心家的企图"上位"，警惕一种将某一个人（第一把手）或某一部门（如公安部门）的权力绝对化的倾向。但一般来说，官员要履行其政治功能也一定是要掌握某种权力的,所以对官员也还必须"授权",必须给予他们某种大于普通人的日常治理权力,也包括给予相应的其他方面的一些待遇,问题在于必须给这种权力也同时加上相称的责任和严格的限制。而单纯说官员是"人民公仆"、"人民勤务员"是片面的,容易误导的、甚至本身就是有些名实不符的,容易流于空言,不如具体落实到官员的职业伦理,这需要从制度和个人的德性两方面去保证。

"官官"的涵义最重要的也就是要落实"民为政纲",即官员要为国民、全民的利益和按他们的意愿来使用自己手中的权力。而在这方面目前最突出和最广泛的问题也就是权力的腐败,即官员的以权谋私,通过权钱交易、权名交易获取经济财富、社会名位等各种好处。而要真正有效地反腐败自然需要多管齐下,总结一下各方面的经验,大致有六条途径:1. 不能——即通过严密的制衡和约束制度防范于前;2. 不敢——即通过严格的监督和检查制度惩罚于后;3. 不必——即给予合理相应的生活待遇,使之不必有物质的后顾之忧;4. 不屑——提高文化的水平和生活的情操,另有比较高雅的所好而不必斤斤于钱财;5. 不忍——意识到所管钱财都是民脂民膏且民生不易,而受道德心的约束而不去伸手;6. 不欲——节制对权钱名的欲望而追求道德的精神境界与生活方式。以上六条,第一、二条可以说主要是靠法,前者约束于前,后者惩戒于后;第三、四条主要是靠养,如果说第三条是外养之养身,第四条则是更重要的内养之养心;第五、六条则主要是靠德。"不忍"

是靠充实和光大在每一个人那里都潜存、但也容易放失的恻隐之心,而"不欲"则主要是靠一种需要长期训练的节制不当之欲的道德理性。至于以上诸条的性质和地位关系,则可以说,前三条主要是他律,是外在的限制,是要注重制度的建设;而后三条则是自律,是内在的限制,是要注重个人的修养。

在传统的体制下,古代官员最强调的德性是"忠君",虽然这也有忠于一般的政治秩序之意,但也有"愚忠"的流弊。现代的官员不必忠于由个人来代表的政治秩序,但也必须忠于一般的政治秩序,忠于国家和职守。而现代官员也的确有需要向古代官员学习之处,尤其在个人德性修养和操守的方面。古代官员的官箴甚强调清、慎、勤。"清"即本人并约束家人做到清廉,不贪腐。"慎"即慎重,不仅要慎重于决狱、刑法,既慎重于罚,也要慎重于赏,不滥施恩惠。贪官固然要谴责,酷吏和"滥好人"也不可取。"勤"则是要勤政,不该管的事情不乱管,但该管的事情则一定要管到底,乃至亲力而为。当然,戒贪是其中最起码的,且应防微杜渐,包括防止家人借权擅权。元代张养浩在《为政忠告》告诫官员说:要"禁家人侵渔,虽阖门恒淡泊,而安荣及子孙"。清代汪辉祖也在《佐治药言》中说:"身自不俭,断不能范家。家之不俭,必至于累身。"而对他人和子民,则应当宽大为怀,张养浩特别强调这种人己之别:"大抵律己当严,待人当恕,必欲人人同己,天下必无是理也。"而对弱势者,"鳏寡孤独王政所先圣人所深悯。其聚居之所,暇则亲莅之或遣人省视若衣粮若药饵。"另外，古代官员由于多是从读书应考上来的，所读之书又多是强调培养德性和希圣希贤之书，所以官场的氛围也是道德诗文的气氛甚浓，这也就有助于自我培养高尚德性与情操。

当然，仅仅从个人德性修养上来正官是不够的，甚至为了促进这种德性修养也得借助于制度。如果从大多数官员或整个官员阶层来说，优先的更是要依靠制度来启动和推行，此后也要靠制度来巩固和坚持。上面在谈到反腐败时我们已经讲到了制度，而根本的制度一是靠法治，一是靠民主。我们从香港、新加坡和台湾等地的经验也可以看到或是严格的法治、或是健全的民主在反腐以致治官方面的成效。当然，最好是将法治与民主结合起来，走向经由法治的民主，达到落实法治的民主。

目前有一些政策是势在必行的，且应当考虑尽快实行的，就比如官员的财产申报制度。这是斩断权钱之间不当联系的一个很重要的措施。一个官员不能既想当官，又想发财，既想掌握政治权力，又想富甲一方甚至天下。我们需要承认人们之间在政治能力方面的某些差异，甚至也承认和接受某些具有较高政治能力者的个人政治抱负，只要这种抱负的施展能够约束在为人民造福的范围之内。但是，我们不能允许一个人掌握了政治权力也就能获取其他的一切、不能允许"赢者通吃"。虽然任何健全社会都不会要求普通老百姓来公布他们的个人财产，甚至假设有这种要求，那将是一种对他们隐私的侵犯；但是，由于官员的政治权力必然要和经济财富等其他社会资源发生关联（自然也应当考虑缩小这种关联至最必要的范围之内），由于他们掌握的权力就包括着掌管或影响某些资源的配置和流动的权力,所以,为防止"近水楼台先得月",一定级别以上的官员公示财产是绝对必要的。当然,这种种公示、防范和惩罚措施可以是逐步推进的,甚至划定某一时间线而有宽严之别,但一种"阳光法案"的推行是不可推诿的。甚至这一"阳光"观念可以进一步扩展,即要让所有权力都在阳光下运行,任何涉及公共利益的权力都必须在公众的眼光下运行,都必须接受公众的监督,这样也才能体现和落实"民为政纲"的基本政治原则。这不仅是为了要防范贪腐,也是要防范官员的官僚主义、不作为、铺张浪费、错误决策等等一切违背官员职业伦理的行为。

## 二 民民

"民民"的意思是民也要像民,这里主要是指像一个公民。和笼统的"人民"不一样,这里的权利和义务都要落实到每个公民。每个公民都要勇于和善于维护自己的权利,但也要积极承担与公民权利相称的义务,担负自己作为一个社会成员应当承担的责任。所以,民众也需不断提高自己作为公民的素质,这不仅需要观念的更新,也需要可以自发组织和自愿参加的各种社团的长期训练。

官员也出自人民,其中有许多还是出自下层的受苦人,这甚至包括一些后来的贪官。虽然说不受限制的权力对任何人都是有腐蚀性的，但一个好的可供选择的社会人员的基础也仍然是重要的。[1] 官员也会带有他所在社会人民的一些特点，甚至将这些特点更突出地展现。常有人言："有什么样的人民，就有什么样的政府"，如果说这用来解释"自往至今"的现实于我们是一种自责，那么今后我们还可以再努力，也必须再努力。有勇敢、独立、自强、自立的人们，自然也就会有绝不敢剥夺人们基本自由权利的政府。我们希望成为这样的人们、这样的民族，而对此就不宜再期望政治强人，因为不费力得到的东西也会很容易地失去，那答应给予你的也能够轻易收回。希望不在大救星、大恩人，希望就在我们自己身上。共和已经百年，如果有外人说："你们只配有一个专制或威权的政府"，我们只是激愤于外人而毫无自省，岂不哀哉？而且，这种"民民"的要求是需要落实到每一个人身上的。梁启超在《新民说》第二节"论新民为今日中国第一急务"中言："我责人，人亦责我，我望人，人亦望我，是四万万人，遂互消于相责相望之中，而国将谁与立也？新民云者，非新者一人，而新之者又一人也，则在吾民之各自新而已。孟子曰：'子力行之，亦以新子之国。'自新之谓也，新民之谓也。"故此我们勿轻言"解放"，除非是自我解放，这才是真正的解放，那来自他人的、武力的解放并非真正的解放，可能倒是新的奴役。自由必须是"由自"，即是由自己生发出来的主动行为。

而自由也是一种自律，甚至首先是一种自律。我们这里谈论的不是别的自由,不是哲学的自由、与各种决定论相对而言的意志自由,而是社会的自由。因为,我们一直讨论的都是一种社会的伦理,即旨在"合群"的伦理。这种自由也就是行为不受束缚的自由,但要在全社会实现这种自由,就需要社会上的每一个人在享有这种自由的时候,也不侵犯他人的同等自由,即也让别人享有同样的行为自由。这就需要自律,就需要尊重和遵守普遍地保障所有人平等自由的法律。而个人普遍尊重这种法律,也就既是保障他人的自由,也是维护自己的自由。

中国近代先贤常感叹中国的民众一方面是"一盘散沙",另一方面又可能是"一堆干柴",可能一点就着,倏忽间燃成席卷大地的烈火。或者说民众像"水",平时很柔顺,但一旦飓风来临也将变得狂暴,即"水能载舟,亦能覆舟"。但是,在现代共和的体制下,民众的确既不应是"臣民"、"顺民",也不宜是"暴民"、"乱民"了,而应当是"国民"和"公民"。一切权利和利益的调节,包括冲突的解决最好都应该在法律的框架内解决,这样将对社会和人民的损害最小。公民也就要尊重法律、遵守法律、维护法律、捍卫法律,包括争取能够体现和保障公民权利的法律,争取不论何种权力职位身份的人们在法律面前一律平等的法治。

所以,公民必须接受与自由权利相称的法律约束、必须遵守与公民权力相称的公民义务,公民必须有公德。当然,公德的培育不仅需要每个公民个人的努力,也需要制度的配合。所以，在另一方面又可以说："有什么样的政府，也就会有什么样的人民"。政府与人民、国家与社会其实是处在一种互动的关系之中。而在中国一向突出政治的老传统和新传统的影响下，政治到目前也还是最直接、最有力的一个杠杆。在这方面，政府就需要率先遵法，官员就需要率先守法，真正落实规定了公民各项基本自由权利与义务的宪法和其他法律，即实行宪政和法治。而从培养新的公民道德着眼，我以为目前开放与保障公民的结社自由或还应比开放和保障公民的言论自由更为优先。公民自由和权利的观念启蒙固然十分重要，但在今天互联网等各种媒体发展的情况下，也鉴于新的思想启蒙所达到的地步，真正地放开公民成立各种非政府的民间组织就变得更为重要和紧迫了，因为公德的培养必须有实际组织的训练，也必须有一个成长过程。如果在这一过程中，公民能够广泛地在各种公民组织的活动中得到纪律、权责、选举等各方面的训练，则能由"小群"之组织而悟"大群"（国家）之组织，通过各种公民组织的训练、团体生活的训练、地方自治的训练，从而稳步地进至全社会的法治民主。另外，我们强调公民守法，除了要争取良法，也要注意摈弃苛法，即所制定的法律应该是多数人不难做到的，而且，法律一旦制定，也就要真正将其贯彻落实，包括违法必纠，执法必严。否则，制定的法律有可能会是大家实际都不遵行的，这将大大伤害法律的尊严，这种伤害还不仅在于让具体法律成为空言，更重要的是会伤害人们对法治的信心，所以，制定法律必须非常慎重，而一旦成为法律，则应该坚决贯彻实行。

我们这里是特别的强调公德,但私德和公德又不可分离,比如说诚信的要求,既可以说是公德,同时又是私德,其划分主要是看其应用在公共领域或是私人生活领域,而它们作为一种德性是共同的。一个人努力培养私德甚至还具有一种植本的作用,公德对他来说只是"善推"而已,即扩大道德调节的范围。两者之间自然也可能有冲突,但那属于"权"而非"经"的范畴。另外,公民也要善尽诸如互相援助一类的自然义务。不过,对公民来说,我们也许需要特别强调和推崇像独立、自主、自尊、自治、国家思想、公共观念这样一些更多地用于公共生活领域的思想品质和德性。

## 三 人人

如果说前面的"官官"和"民民"都是以第一字为主语,第二字为谓语动词,是讲"官要像官"、"民要像民",主要是涉及个人伦理的话;那么,后面我们要讲的两个正名:"人人"和"物物"则是以第一字为动词,第二字为宾语,是讲要"把人当人看"、"把物当物看",主要是涉及制度伦理,即这里的主语、主体是指制度、指社会或者说所有的人。

所谓"人其人",就是要以合符人性的方式对待每一个人,以合符人道的方式对待每一个人,把人当人看。不欺凌和侮辱任何一个人,让所有人都过上符合人的身份的、比较体面的生活,为此,也就要优先关怀弱势,但同时也鼓励优秀、卓越和创新,使"人尽其才"。

所谓"要以合乎人性的方式对待人"是涉及事实。人事实上是一种有限的存在,即人有它脆弱的地方,人有肉体,必须供养才能生存;人有肉体,也就有其脆弱性,一块瓦砾,一滴毒汁都有可能致其死亡。人也就需要安全,需要物质生存资料。而要得到和保有这些,每个人,无论他多么强悍和聪明,都会有求于他人,有求于社会。而每个社会也还会有鳏寡孤独,他们没有自己的谋生能力,但他们都是我们的同类,都是我们的同胞,我们不能放任其死亡,而必须援助他们,让他们也能好好地生活,也就是说,在这个意义上,那些尚不具有或已经失去劳动能力的人也应能够"得食",我们要使所有人都能"免于饥饿"和"免于恐惧"。"要以合乎人性的方式对待人"还意味着认识到人们或至少大多数人道德上的有限性,你不能要求他们都做圣人,不能试图剪裁他们,试图将他们改造成为符合你对人的理念的那种范型。你更不能为此消除那些你认为改造不了的人,或者强制剩下的人进行改造,那恰恰是犯下了对人的大罪。

所谓"要以合乎人道的方式对待人"是涉及价值。人也有理性,甚至可以说有灵性、有灵魂,对生活能够有自己的长远以致毕生的计划,也有正义感,或正因此,人也就都有他自己的尊严。所以,对任何人都不可侮辱,甚至对那些犯有罪行的人，社会可以惩罚他，但却不能凌辱他。另外，对所有人，也不是说能够让他们活下去就够了，让他们有温饱就够了，而是还应该让他们有人之为人、符合人的身份的体面的生活，这就不仅要考虑比较充裕和丰富的生活资料，还意味着要有比较丰富的文化生活，即人不仅是一种动物性的生存，还要有一种人之为人的生存。而这些又不是要由社会或政府来包办，而是要由政府和社会来创造前提条件、提供一个合理而广阔的平台，让每一个人都能自主地选择那些能够丰富自己的物质生活和灵性生活的形式，让每一个人都能追求自己所理解的、不会妨碍他人追求幸福的同等权利的幸福。

这里我们要特别注意两点：一是分配的善意，一是司法的公正。我们的政治社会不仅要关怀和照管那些没有劳动能力的鳏寡孤独，还要关怀和补贴那些劳动能力较弱的人们，他们可能在完全自发的市场体系中处于相当困难的境地，而仅仅靠民间的慈善事业来改善他们的处境可能还是不够的，政府就还有必要通过税收等手段作出必要的调节和再分配，对他们给予适当的贴补，让他们也有较好的生活水平和发展机会。当然这种再分配的理由是"应给"而非"应得"，即不是那种要求"剥夺剥夺者"的应得，而是说社会应当关怀和给予他们，是因为我们所有的人都是同类、所有处在一个政治社会中的人还都是同胞，且整个社会应该是一个合作体系，即便弱势者也做出了对社会不可或缺的贡献，拥有不可或缺的地位和作用。这样，这种关怀也就将体现出一种不仅是个人的，也是制度的善意和同胞之情。

　　第二点就是司法的公正。这一点在今天的中国甚至可能超过了前者而变得更为重要而紧迫了。因为近一些年的经济飞跃发展，国力大大增长，如果政府真正重视的话，在经济生活中关怀弱势的问题也许已不难解决，其对象也比较容易判断。但是，由于法律制度还不健全或者不够落实，尤其是法律的统治还未真正确立，司法制度还强烈地受到权力者个人和组织的影响，而沿袭的"信访制度"又常常解决不了问题，所以，当人们受到不公平的待遇甚至横暴的欺凌，或者陷入冤案，就有可能得不到司法的公正和及时的解决。而这样的事情有可能对任何人发生，不仅可能对能力较弱的人们发生，也可能对能力较强的人们发生；不仅可能对本来的弱者发生，也可能对本来的强者发生。而如果社会上存在着这样的"哀苦无告者"，存在着这样的对司法乃至对整个社会的绝望者，不仅对他们本人是很大的不公，对社会也是一个不稳定的因素。所以，司法的渠道应当畅通，程序应当公开透明，判决应当公正。而为达到这种司法公正，就必须保证司法独立于其他权力。这也是保证其他权力能够在自己的领域里恰当地运行，不必让所有的愤怒都指向一元的政府，或者所有的期望都寄予一元的政府。今天的执政者应当充分地认识到人们对司法公正的这种诉求在倒逼着司法必须独立。

　　社会还应当承认人的各种差异性，鼓励人对各种优秀和卓越的追求，尤其是鼓励和帮助年轻人发展和发挥自己的特殊才能，实现自己的生活理想和事业抱负。政治的才能不应当压制其他的才能，何况许多居于要职的人还不是凭能力或贡献得到这个职位的。我们要努力防止利益的固化乃至隐性的世袭，实现在机会面前的人人平等。这也包括政治的机会，我们也许可以考虑从昔日一种"君主下的贤贤"走向一种"民主下的贤贤"。

当然，无论人追求怎样的理想，"人人"的底线绝不可忘记，这就是那些基于生命原则的道德义务，即不可杀害、不可盗劫、不可欺诈、不可性侵。不可将人仅仅看作是手段，而且也必须视作目的。

## 四 物物

所谓"物物"或者说"物其物"，也就是把物当物看，不扩大也不缩小，让物就是它本来的样子。没有"物"是万万不能的，但"物"也不是万能的，仅仅有"物"乃至是一种人的悲剧。人类也好，个人也好，没有一定的物质条件或基础的确是不可能生存和发展的，但是，如果只是追求物质的东西，那么也就使自己基本停留在"物"的水平上，而不能显现人的特性了。庄子说："物物而不物于物，则胡可得而累邪？此神农、黄帝之法则也。"[2] 也就是说，人要恰如其分地看待外物，恰如其分地处理自己的物欲，不要为物所役，不做物质的奴隶而是做其主人，这样才不会被物所累，这样的规则也才是人类最古老的自然法则。

　　人是同时居于多种层次的存在者。他是有意识、理性和文字、技术工具的人；他是一种有感觉和能行动的动物；他是具有生命的生物；他的身体也是符合那些物理和化学的运动规律的"物质"。当然，这些在人那里又是结合在一起的，使人可以成为一种道德的主体，同时也是其他存在的"道德代理人"。人也就需要在各个层次上把握自己，善待其他不同层面上的存在物。例如，他对待动物应当努力保全各个物种，挽救濒危动物，而尤其要反对的是滥杀滥捕，野蛮虐待动物；他对待生物应当维护"生生不息"的原则；他对待其他存在物应当尽量不去干预和改变它们的正常状态等等。

　　而要做到这些，人类就必须克制自己对物质的欲望。如果物欲膨胀，无休无止地向自然索取甚至榨取，且不说可供人类使用的资源有限，还必然要破坏事物本来的秩序，破坏生态环境。人们要反复问自己这样一个问题：我们对物质的欲求要多少算够？也许，我们如果能够尽量安排好我们的社会，安排好人与人的关系，即便我们比现在少占有一些物质，也能比现在的状态要幸福许多。为此，我们也许要对我们现在的生活方式有所改变，在这方面，中国古代的先贤例如道家也许能给我们许多有益的启发。总之，我们要让物就是它本来的样子，就需节制人类的物欲，使"物尽其用"，不暴殄天物，不虐待动物，不破坏环境，不污染生态。

当然，还有许多具体的"正名"，比如说各种职业的伦理：一旦做一件事情就要尽责地做好，在一个岗位就要承担一个岗位的责任。社会要尽力地安排得能让人们"各得其所"，而个人也要努力地"各尽所能"。一个人可以去努力地选择自己最合适、最擅长或最有兴趣的工作，包括一些人可能较喜欢比较频繁地更换工作，社会也要容有自由流动，并努力创造能让人们施展自己特有才能的条件，因为一个人很难说一两次就找到自己满意的工作，但一个人也要做什么就像什么。他可以去选择各种工作，但只要还在一个岗位，就要做好这个岗位的工作，尽好自己的职责。

---

**注释：**

[1] 如梁启超言："政府何自成？官吏何自出？斯岂非来自民间者耶？……以若是之民，得若是之政府官吏，正所谓种瓜得瓜，种豆得豆，其又奚尤？"见《新民说》第二节"论新民为今日中国第一急务"。

[2] 《庄子·知北游》。

# 结　语

　　以上"新三纲"是讲道德的原则规范,"新五常"是分别讲五种社会的伦理关系和个人德性,"新信仰"是讲价值信仰,"新正名"是讲入手途径和纲常核心。其中信仰可以说最高远,纲常是中坚,而正名最紧迫。

　　而以上所述都还具有相当形式化的一些特点,其内容也不可能完全具体的展开,还有待于进一步解释,但另一方面,它们作为伦理的原则("经"),也不可能不具有一些形式化的特点,如此也才能普遍化并留够自由"权"的空间。

　　上个世纪初,梁启超陆续在《新民丛报》发表《新民说》的连载文章。梁启超认为,"道德之立,所以利群也"。而作为一种旨在"合群"的社会伦理,"非数千年前之古人所能立一定格式以范围天下万世者也"。而"吾辈生于此群,生于此群之今日,宜纵观宇内之大势,静察吾族之所宜,而发明一种新道德,以求所以固吾群、善吾群、进吾群之道。未可以前王先哲所罕言者,遂以自画而不敢进也。知有公德,而新道德出焉矣，而新民出焉矣"。这里说"发明"或过于强调其"新"，而后来梁启超又有调整，在"论私德"一文中，又重新强调"吾祖宗遗传固有之旧道德"，即新旧道德在原则精神上应该是连续一贯的。

作为一个传统文化的前清遗民，梁济在投水自尽前，对新的共和国国民也有一种殷切的期望，他说，自己愿"以诚实之心对已往之国"，望世人亦"以诚实之心对方来之国"。故其死"非仅眷恋旧也，并将呼唤起新也；唤新国之人尚正义而贱诡谋"。正是立足于道义，梁先生一方面对新时代完全否定过去的伦理纲常表示不满，认为"我旧说以忠孝节义范束全国之人心，一切法度纪纲，经数千年圣哲所创垂，岂竟毫无可贵？"另一方面，又对民国以来的社会道德和政治状况表示忧虑和痛心，说："今吾国人憧憧往来，虚诈惝恍，除希望侥幸便宜外，无所用心，欲求对于职事以静心真理行之者，渺不可得。此不独为道德之害，即万事可决其无效也。夫所谓万事者，即官吏军兵士农工商，凡百皆是。必万事各各有效，而后国势坚固不摇。"他说他最后的愿望是："我愿世界人各各尊重其当行之事。我为清朝遗臣，故效忠于清，以表示有联锁巩固之情；亦犹民国之人，对于民国职事，各各有联锁巩固之情。此以国性救国势之说也。"

一百年过去，我们是否敢说我们满足了这一期望呢？而展望新的世纪，我们今后是否能够做得好一些呢？

以上的问题虽然在心中沉思有年，但一直没有形成系统的文字，而由于最近一些事件的刺激，不禁书之于此。多年以来，我虽然一直在从事伦理学的研究教学工作，尤其是考虑中国的社会和伦理重建，但本书仍然是一个非常初步的探讨，只是提出一个建构的设想，润泽和论证也还不可能完全展开，总之，我希望得到各方面识者的批评指正，一起来为我们社会的道德重建而努力。

百年巨变，百年重整；百年废弛，百年复兴。

是所望焉。

# 后 记

我想在这篇后记中简单回顾一下我写作这本书的由来和表达对诸多朋友的感谢。

2011年,是辛亥革命的一百年,也是第二(抑或第三?)共和建立的62年,年中我写有一篇"汉兴62年之更化",表达了我对社会的忧虑和改革的期望。接近年底的时候,或是因受到如小悦悦事件、幼儿园车祸等一些悲惨事件的直接刺激,我开始将久在心中酝酿的一些想法写成一长文,先试名之为"中华新伦理的一个构想"或"共和之德",后修改扩充为"新世纪的伦理纲常"。

时光进入2012年,至此中国走向共和已经过去一百年,要进入一个新的世纪了。1月的春节前夕,我应邀在天则所第一次讲"新世纪的伦理纲常",由秋风主持,与会者有茅于轼、张曙光、何光沪、陈明、甘绍光、景跃进、吴飞、王瑞昌等学者,他们对我的讲演提出了宝贵的意见。

"新纲常"属于我的思想学术著述中比较特别的一种,由于它所探讨的问题的重要性、迫切性和现实性，即它是要直接面对社会的道德问题，探讨中国社会的道德根基，并提出一个初步建构，我觉得倒不妨让它带一点宣传的特点，同时我也希望在互动过程中听取较多的各个方面听者和读者的意见。所以，在2012这一年里，我在应邀到各处的讲演中几乎都是从不同角度讲这一题目：这包括在贵州大学中国文化书院、北京大学的极忠讲座和光华新年论坛、武夷山管理哲学博士班、解放军总医院、广州岭南大讲坛、北京燕山大讲坛和明天集团的讲演。而最初和不断修改的文稿也曾在不同时候给过多家报刊，这开始是因为篇幅不够而刊登不了全文，后来就索性让编辑去各取所需地剪裁选用其中的部分。部分刊登或转载过此文或者讲稿的报刊大致有上海《社会科学报》、《南方都市报》、《中国文化报》、《前线》、《道德与文明》、《信睿》、《新华文摘》等。所以，在这一过程中，可能出现了一些或长或短不同的文章或讲稿的版本，这是需要向读者说明乃至抱歉的。不过，现在我希望这本书能够成为一个统一的替代品。另外，本书也是我以前全部伦理研究的一个总结性引申，它是概括性的，又是精简型的，所以我在书中一些注释中标出了可以参考的我以前的著作。为了写这本书，在2012年又接近年底的时候，我用了两个月时间，参考了一些新的材料，也考虑了一些听到的意见，终于集中精力完成了这本十余万字，最后定名为《新纲常》的小书。最近，在特意留出的一段"冷处理"的时间之后，我对此又做了一些修缮和补充。只要书稿在手，就觉得是改不完的，但现在也到了必须拿出去的时候了。

在此，我谨向秋风、茅于轼、张曙光、何光沪、陈明、甘绍光、景跃进、吴飞、王瑞昌、张新民等学者，向整理刊登新纲常文章的綦晓芹等编辑，向邀请和安排讲演的组织者，以及发表文章的报刊，还有在这一年多来的讲演和发文过程中提出问题和意见的诸多听众和读者，表示我衷心的感谢。我也希望读者能继续对本书提出批评和建议。

近几年有一种预感日渐强烈，中国可能正处在又一个较大变动的前夕，这一较大变动的最终结果将会是什么？是良性的还是恶性的？中国是会陷入一种持久的激荡或者僵化的停滞，还是能够走向一个长治久安的社会？对此我是忧虑与希望并存。现在政学商三界人多有求变心或应变心，但在变革的路径和目标上却存在诸多差异乃至对立。而我希望一种温和而坚定的中道力量能够兴起且成为稳固的主流，希望各方都能坚守伦理的底线，如此，观点的差异乃至比较极端的观点对立也就不足惧，甚至是必要的。而我个人也希望本书的探讨能为中国社会的平稳过渡尽一点力量，甚至进而言之，成为未来长治久安的社会之道德根基的一个可供选择的设想。

何怀宏

2013年5月26日于北京

图书在版编目（CIP）数据

新纲常：探讨中国社会的道德根基／何怀宏著．—
成都：四川人民出版社，2013.7
ISBN 978-7-220-08886-5

Ⅰ．①新… Ⅱ．①何… Ⅲ．①道德社会学-研究-中国 Ⅳ．①B82-052

中国版本图书馆CIP数据核字（2013）第137157号

## XIN GANGCHANG
**新纲常——探讨中国社会的道德根基**
何怀宏／著

| | |
|---|---|
| 责任编辑 | 周 颖 |
| 封面设计 | 陆红强 |
| 责任校对 | 蓝 海 |
| 责任印制 | 祝 健 |
| 出版发行 | 四川出版集团　四川人民出版社（成都市槐树街2号） |
| 网　　址 | http://www.scpph.com<br>http://www.booksss.com.cn<br>E-mail:scrmcbs@mail.sc.cninfo.net |
| 发行部业务电话 | （028）86259459　86259455 |
| 防盗版举报电话 | （028）86259524 |
| 印　　刷 | 北京通州皇家印刷厂 |
| 成品尺寸 | 140mm×210mm |
| 印　　张 | 6.75 |
| 字　　数 | 100千 |
| 版　　次 | 2013年7月第1版 |
| 印　　次 | 2013年7月第1次 |
| 书　　号 | ISBN 978-7-220-08886-5 |
| 定　　价 | 36.00元 |

■版权所有·侵权必究
本书若出现印装质量问题，请与我社发行部联系调换
电话：（028）86259624